制造业高端技术系列

超磁致伸缩滚珠丝杠副 智能预紧技术

林明星 鞠晓君 王庆东 著

机械工业出版社

近年来，机床技术及相关产业快速发展，大大提高了高端数控机床的传动精度和加工精度。本书聚焦于数控机床关键功能部件的智能预紧技术，主要内容包括：超磁致伸缩与超磁致伸缩致动器、滚珠丝杠副超磁致伸缩预紧系统设计与优化、超磁致伸缩预紧系统多场仿真分析、超磁致伸缩预紧系统的特性研究、超磁致伸缩预紧系统的建模理论、超磁致伸缩预紧结构智能控制技术和超磁致伸缩预紧滚珠丝杠副应用性能研究。

本书适合机械设计及其自动化、机械电子、智能制造、自动化等专业的高校师生学习，也可供从事数控机床制造和设计的工程技术人员参考。

图书在版编目（CIP）数据

超磁致伸缩滚珠丝杠副智能预紧技术／林明星，鞠晓君，王庆东著. —北京：机械工业出版社，2023.10

（制造业高端技术系列）

ISBN 978-7-111-74183-1

Ⅰ.①超… Ⅱ.①林… ②鞠… ③王… Ⅲ.①滚珠丝杠-磁致伸缩-结构设计-优化设计 Ⅳ.①TH136

中国国家版本馆 CIP 数据核字（2023）第 208631 号

机械工业出版社（北京市百万庄大街 22 号 邮政编码 100037）
策划编辑：雷云辉 责任编辑：雷云辉 杜丽君
责任校对：张婉茹 李小宝 封面设计：马精明
责任印制：郜 敏
三河市国英印务有限公司印刷
2024 年 1 月第 1 版第 1 次印刷
169mm×239mm·9.5 印张·167 千字
标准书号：ISBN 978-7-111-74183-1
定价：79.00 元

电话服务 网络服务
客服电话：010-88361066 机 工 官 网：www.cmpbook.com
 010-88379833 机 工 官 博：weibo.com/cmp1952
 010-68326294 金 书 网：www.golden-book.com
封底无防伪标均为盗版 机工教育服务网：www.cmpedu.com

前　言

　　机床被称为工业母机，是近现代工业发展的基础。数控机床（尤其是高端数控机床）的发展水平是一个国家科技水平的重要体现之一，可以有力促进工业的发展，提升其制造业在全世界的竞争力。我国"十四五"规划提出："增强制造业竞争优势，推动制造业高质量发展。""深入实施智能制造和绿色制造工程，发展服务型制造新模式，推动制造业高端化智能化绿色化。培育先进制造业集群，推动集成电路、航空航天、船舶与海洋工程装备、机器人、先进轨道交通装备、先进电力装备、工程机械、高端数控机床、医药及医疗设备等产业创新发展。"数控机床主要由机床本体及控制系统组成。机床本体主要包括：主运动部件、进给运动部件、执行部件和基础部件等。这些部件的性能在很大程度上决定和制约着数控机床的性能。随着计算机技术、电子技术、材料科学及信息技术的发展，高端数控机床已成为跨学科，多领域技术交叉发展、融合应用的载体。

　　高端数控机床本体除要求具有高性能的主轴系统外，还要求具有与之相匹配的高性能进给系统。随着装备制造业向大型、高端精密等极端制造方向扩展，大型装备急需高可靠性的核心传动部件供给。高速精密滚珠丝杠副传动具有高效快速、节省能源、零间隙、高刚度传动、跟踪灵敏、不污染环境且对环境的适应性强等特点，已经成为各类机床中不可替代的传动装置。然而，由于制造和装配的误差，滚珠丝杠副总是存在间隙，同时在轴向载荷的作用下，滚珠和螺纹滚道接触部位会产生弹性变形，滚珠丝杠与螺母间隙的大小会直接影响到数控机床实际加工的精度，为此，应尽量设法予以消除或减小。在数控机床装配中，广泛采用预紧力消除滚珠丝杠传动的间隙。滚珠丝杠预紧力是滚珠丝杠副中产生丝杠摩擦力矩的主要参数，对螺母施加预紧力，可以提高滚珠丝杠副的轴向刚度和定位精度。

　　传统滚珠丝杠副预紧力一般由生产厂家预先设定，加工过程中不能自动调整，但长时间的工作磨损会引起预紧力大小的变化，降低传动精度，维护时需人工拆卸预紧装置，重新调整，人力物力成本高。传统采用测量扭矩的方式计算获得的预紧力，不能直接、准确地反映滚珠丝杠副预紧力的数值。由于预紧力在丝杠出厂时已设定在某一数值，运行时的预紧力不能根据外部载荷的大小而动态调整，难以补偿因磨损和温升带来的间隙，致使传动精度降低，达不到高性能机械传动系统的要求。利用精密微位移致动器及其驱动技术实现对滚珠丝杠预紧力的实时调整和控制，一直是行业内解决这一工程实际问题的努力方向。

本书主要研究滚珠丝杠副智能预紧技术，通过超磁致伸缩致动器等新型功能装置的研究，实现滚珠丝杠副智能预紧，主要内容包括：超磁致伸缩与超磁致伸缩致动器、滚珠丝杠副超磁致伸缩预紧系统设计与优化、超磁致伸缩预紧系统多场仿真分析、超磁致伸缩预紧系统的特性研究、超磁致伸缩预紧系统的建模理论、超磁致伸缩预紧结构智能控制技术和超磁致伸缩预紧滚珠丝杠副应用性能研究。书中的研究内容是在国家自然科学基金"基于超磁致伸缩的高精度滚珠丝杠副传动智能预紧系统原理及应用研究"（项目批准号：51475267）资助下完成的，详细论述了超磁致伸缩预紧系统的设计并进行了多场耦合仿真分析，还论述了超磁致伸缩预紧结构智能控制技术并进行实验验证。本书兼顾系统理论与实际可操作性，对数控机床制造和设计从业者，以及相关专业的在校学生具有很高的参考价值。

本书由山东大学林明星、枣庄学院鞠晓君、鲁东大学王庆东合著。感谢课题组其他老师和同学们的帮助，感谢国家自然科学基金的资助。本书参考了国内外专家的研究成果，在此一并表示感谢。

由于作者水平有限，书中不足之处在所难免，敬请读者批评指正。

著 者

目　录

前　言

第1章　超磁致伸缩与超磁致伸缩致动器 ┄┄┄┄┄┄┄┄┄┄┄┄┄┄┄┄ 1

1.1　超磁致伸缩的发生机理 ┄┄┄┄┄┄┄┄┄┄┄┄┄┄┄┄┄┄┄┄┄┄ 1

1.2　超磁致伸缩材料及其特性 ┄┄┄┄┄┄┄┄┄┄┄┄┄┄┄┄┄┄┄┄ 2

1.2.1　稀土铁系超磁致伸缩材料的应用特性 ┄┄┄┄┄┄┄┄┄┄┄ 2

1.2.2　机电耦合特性 ┄┄┄┄┄┄┄┄┄┄┄┄┄┄┄┄┄┄┄┄┄┄┄┄ 3

1.2.3　动态特性 ┄┄┄┄┄┄┄┄┄┄┄┄┄┄┄┄┄┄┄┄┄┄┄┄┄┄┄ 3

1.2.4　热特性 ┄┄┄┄┄┄┄┄┄┄┄┄┄┄┄┄┄┄┄┄┄┄┄┄┄┄┄┄ 4

1.2.5　压应力特性 ┄┄┄┄┄┄┄┄┄┄┄┄┄┄┄┄┄┄┄┄┄┄┄┄┄┄ 4

1.3　超磁致伸缩致动器的发展及应用 ┄┄┄┄┄┄┄┄┄┄┄┄┄┄┄┄ 4

第2章　滚珠丝杠副超磁致伸缩预紧系统设计与优化 ┄┄┄┄┄┄┄┄┄┄ 8

2.1　双螺母滚珠丝杠副预紧原理与受力分析 ┄┄┄┄┄┄┄┄┄┄┄┄ 8

2.1.1　双螺母滚珠丝杠副预紧原理 ┄┄┄┄┄┄┄┄┄┄┄┄┄┄┄┄ 9

2.1.2　双螺母滚珠丝杠副预紧受力分析 ┄┄┄┄┄┄┄┄┄┄┄┄┄ 10

2.2　滚珠丝杠副超磁致伸缩预紧系统结构设计 ┄┄┄┄┄┄┄┄┄┄ 13

2.2.1　超磁致伸缩致动器结构设计 ┄┄┄┄┄┄┄┄┄┄┄┄┄┄┄ 13

2.2.2　超磁致伸缩预紧系统结构设计 ┄┄┄┄┄┄┄┄┄┄┄┄┄┄ 32

2.3　超磁致伸缩结构的磁路优化分析 ┄┄┄┄┄┄┄┄┄┄┄┄┄┄┄ 35

2.3.1　超磁致伸缩结构中电磁场的近似计算 ┄┄┄┄┄┄┄┄┄┄ 35

2.3.2　超磁致伸缩结构的电磁场有限元分析 ┄┄┄┄┄┄┄┄┄┄ 36

2.4　两种预紧结构特点分析 ┄┄┄┄┄┄┄┄┄┄┄┄┄┄┄┄┄┄┄┄ 39

第3章　超磁致伸缩预紧系统多场仿真分析 ┄┄┄┄┄┄┄┄┄┄┄┄┄┄ 41

3.1　超磁致伸缩预紧系统结构静力学分析 ┄┄┄┄┄┄┄┄┄┄┄┄ 41

3.1.1　铰链-杠杆机构多体静力学分析 ┄┄┄┄┄┄┄┄┄┄┄┄┄ 41

3.1.2　CGMA结构静力学分析 ┄┄┄┄┄┄┄┄┄┄┄┄┄┄┄┄┄┄ 44

3.2　超磁致伸缩预紧系统的磁场研究 ┄┄┄┄┄┄┄┄┄┄┄┄┄┄┄ 46

3.2.1　棒状超磁致伸缩预紧系统磁场研究 ┄┄┄┄┄┄┄┄┄┄┄ 46

3.2.2　筒状超磁致伸缩预紧系统磁场研究 ┄┄┄┄┄┄┄┄┄┄┄ 59

3.3　超磁致伸缩预紧系统的温度场仿真分析 ┄┄┄┄┄┄┄┄┄┄┄ 64

3.3.1 棒状 GMA 温度场分析 ································· 64

3.3.2 CGMA 温度场分析 ································· 66

第 4 章 超磁致伸缩预紧系统的特性研究 ················· 72

4.1 棒状 GMA 输出特性 ································· 72

4.1.1 棒状 GMA 测控系统 ································· 72

4.1.2 棒状 GMA 的位移输出特性 ························· 72

4.1.3 棒状 GMA 的力输出特性 ························· 72

4.2 CGMA 输出特性 ································· 76

4.2.1 CGMA 测控系统 ································· 76

4.2.2 CGMA 的静态输出特性 ························· 79

4.2.3 CGMA 的动态输出特性 ························· 82

4.3 超磁致伸缩预紧系统的热特性分析 ················· 84

4.3.1 自然对流时的测量结果分析 ················· 84

4.3.2 油冷时的测量结果分析 ················· 85

第 5 章 超磁致伸缩预紧系统的建模理论 ················· 88

5.1 超磁致伸缩预紧系统的磁滞建模 ················· 88

5.1.1 CGMA 准静态位移模型建立 ················· 89

5.1.2 磁滞非线性模型求解 ················· 90

5.2 超磁致伸缩预紧系统的参数辨识 ················· 92

5.2.1 基于差分进化算法的模型参数辨识 ················· 92

5.2.2 参数辨识及实验研究 ················· 94

5.3 超磁致伸缩结构的力学分析与系统线性区建模 ················· 99

5.3.1 超磁致伸缩结构力学分析 ················· 99

5.3.2 超磁致伸缩结构输入-输出特性实验 ················· 102

5.3.3 筒状超磁致伸缩自动预紧系统的线性区建模分析 ················· 104

第 6 章 超磁致伸缩预紧结构智能控制技术 ················· 112

6.1 超磁致伸缩预紧输出跟踪系统控制器设计 ················· 112

6.1.1 CGMA 系统的紧格式线性化参数模型 ················· 113

6.1.2 CGMA 的无模型自适应控制器设计 ················· 113

6.1.3 伪偏导数估计算法 ················· 114

6.2 筒状超磁致伸缩自动预紧系统控制仿真研究 ················· 115

6.2.1 CGMA 的控制仿真分析 ················· 115

6.2.2 筒状超磁致伸缩自动预紧系统的控制仿真 ················· 117

6.3 筒状超磁致伸缩自动预紧系统控制实验研究 ················· 119

6.3.1 筒状超磁致伸缩自动预紧系统的 MFAC 实验研究 ················· 120

6.3.2　MFAC 与 PID 控制的对比实验研究 ……………………………………… 122

第 7 章　超磁致伸缩预紧滚珠丝杠副应用性能研究 …………………………… 125

7.1　基于棒状 GMA 预紧滚珠丝杠副的性能分析 ………………………………… 125

7.1.1　滚珠丝杠副螺母预紧力的调整 ……………………………………………… 125

7.1.2　滚珠丝杠副的轴向接触刚度测试 …………………………………………… 127

7.2　基于 CGMA 自动预紧滚珠丝杠副的性能分析 ……………………………… 129

7.2.1　基于 CGMA 自动预紧滚珠丝杠副的轴向变形分析 ……………………… 129

7.2.2　基于 CGMA 自动预紧滚珠丝杠副的预紧力与刚度测试分析 ………… 132

7.2.3　基于 CGMA 自动预紧滚珠丝杠副的摩擦力矩与振动特性测试分析 … 136

参考文献 ……………………………………………………………………………… 141

第1章

超磁致伸缩与超磁致伸缩致动器

1.1 超磁致伸缩的发生机理

稀土铁系超磁致伸缩材料（Giant Magnetostrictive Material，GMM）Terfenol-D 的磁致伸缩模型，是基于材料本身晶格结构特性建立起来的。这里，用圆括号表示平面，用方括号表示方向矢量。因此，立方体的面可以表示为 (100)、(010)、(001)、($\bar{1}$00)、(0$\bar{1}$0)、(00$\bar{1}$)，方向矢量可以表示为 [100]、[010]、[001]、[$\bar{1}$00]、[0$\bar{1}$0]、[00$\bar{1}$]。在这两种情况下，"–"表示负方向。从加工工艺来看，超磁致伸缩材料 Terfenol-D 晶格以 [11$\bar{2}$] 方向呈树枝结构片状生长。在室温下，易磁化轴接近 [111] 方向。当磁化强度从 [111] 旋转到 [11$\bar{1}$] 时，产生最大应变。

超磁致伸缩材料（如 Terfenol-D 等铁磁材料）的内部分成许多大小和方向基本一致的自发磁化区域，这些区域称为磁畴。当超磁致伸缩材料处于消磁状态（外加磁场 $H=0$），超磁致伸缩材料内部各磁畴混乱排列，磁畴自发磁化强度的方向各不相同，因此宏观上并不显示磁化强度和某一方向的伸长或缩短。畴壁是相邻两磁畴之间磁矩按一定规律逐渐改变方向的过渡层。从磁畴理论来分析，磁化过程是超磁致伸缩材料内部的磁畴在外磁场的作用下畴壁发生移动和磁畴内的磁矩发生旋转的宏观结果。

根据磁化曲线的变化规律，在一般情况下，技术磁化过程可分为三个阶段：

1) 在外磁场 H 较低（$H<10\mathrm{kA/m}$）时的可逆畴壁运动，磁化强度和磁致伸缩的改变主要是由于畴壁运动引起的，以致易磁化方向的磁畴增大，但此时磁致伸

1

缩应变响应很小。

2）当外磁场 H 增大到中等磁场（10kA/m≤H<50kA/m）时的不可逆畴壁运动，磁畴内的磁矩旋转到易磁化方向［11$\bar{1}$］，且磁场产生小的变化都会引起磁化强度和磁致伸缩很大的变化。

3）当外磁场 H 增大到高磁场（50kA/m≤H<640kA/m）时的可逆磁畴内的磁矩旋转过程，超磁致伸缩材料内部所有磁畴旋转成外磁场方向平行，随着磁场增加超磁致伸缩材料将不再增长，即达到饱和磁致伸缩状态。

对于一般的结构，产生磁致伸缩的磁机械耦合是非常复杂的，并且会受到外加应力、晶格的各向异性等因素的影响。但当对棒状超磁致伸缩材料沿轴向施加一定压应力，并考虑材料沿轴向［11$\bar{2}$］的方向择优生长，材料的磁畴将主要沿垂直轴线的易磁化方向分布，这时，材料沿轴向方向的磁致伸缩应变 λ 与磁化强度 M 的关系近似为基于能量基础的二次畴转模型，可表示为

$$\lambda = \frac{3}{2}\frac{\lambda_s}{M_s^2}M^2 \tag{1-1}$$

式中，M_s 为饱和磁化强度；λ_s 为饱和磁致伸缩应变。

棒状超磁致伸缩材料在驱动磁场作用下产生伸缩变化，磁致伸缩棒发生伸缩运动，产生应变和应力，磁致伸缩致动器宏观表现为位移和力的输出，从而实现电磁能向机械能的转换。在不考虑温度变化的情况下，超磁致伸缩材料的棒内轴向应变 ε 和棒内轴向磁感应强度 B 可由压磁方程表示

$$\varepsilon = S^H \sigma + dH \tag{1-2}$$

$$B = d\sigma + \mu^\sigma H \tag{1-3}$$

式中，S 为轴向的柔顺系数；σ 为轴向的应力；d 为轴向的压磁系数；H 为轴向的磁场强度；μ 为轴向的磁导率。

1.2　超磁致伸缩材料及其特性

自从发现磁致伸缩效应后，人们对磁致伸缩的研究一直没有停止。有关磁致伸缩材料的制备工艺、磁致伸缩理论和新材料探索与应用，特别是超磁致伸缩材料的应用研究，仍然是近年来十分活跃的课题。

1.2.1　稀土铁系超磁致伸缩材料的应用特性

1）磁致伸缩随着外磁场的大小而改变，而外磁场的方向变化时，磁致伸缩的

方向并不改变。当外磁场增加到一定数值后，磁致伸缩的大小趋于饱和。

2）稀土铁系超磁致伸缩材料的磁致伸缩具有强烈的各向异性，在不同方向上所测得的磁致伸缩数值相差很大。其中，在［111］方向的磁致伸缩最大。因此，超磁致伸缩材料一般制成单晶或取向多晶，以获得较大的磁致伸缩。特定应用场合，会关注棒状超磁致伸缩材料的轴向磁致伸缩系数。可作为器件使用的 Terfenol-D 棒材的轴向接近［11$\bar{2}$］方向，和［111］方向之间的最小夹角为19.5°。

3）磁致伸缩与磁场的关系曲线是非线性的，并存在一定的迟滞现象。当驱动磁场较小或接近饱和驱动磁场时，超磁致伸缩材料的伸长量较小；当驱动磁场在中间段时，超磁致伸缩材料的伸长量较大。

1.2.2 机电耦合特性

超磁致伸缩材料在磁场中可产生磁致伸缩效应，相反的，由于材料所受到的机械应力也会对其内部的磁化状态产生影响，即所谓的磁致伸缩逆效应。由于磁致伸缩效应与磁致伸缩逆效应的存在，使材料中原本互相独立的磁系统和机械系统发生了耦合。此时，反映材料力学性能的弹性模量不仅仅取决于应力-应变关系，还与材料的磁化状态有关；与之相应，材料的磁化率也不仅仅取决于磁化强度与磁场的关系，还与试件的受力状态有关。

1.2.3 动态特性

在交变磁场作用下，超磁致伸缩材料的特性与其在静磁场作用下的特性有很大的不同。

（1）倍频现象 由于材料在正、负磁场作用下都是伸长的，所以产生应变的频率是驱动电流频率的两倍。材料的这种非线性现象称作超磁致伸缩材料的"倍频"现象。"倍频"现象可通过在棒上加一个恒定的偏置磁场来消除，并且这样还可以减小磁致伸缩棒动态响应的不灵敏区，使其应变的线性特性更好，以便实施控制，以期获得最大的动态磁致伸缩系数和最高的机电耦合系数。

（2）磁滞损耗 由于材料内部的磁畴转向磁场施加的方向时的摩擦而引起磁滞现象，由于晶体结构的各向异性，施加外部磁场会使磁畴矢量从一个初始的方向转向一个低能量的方向。由于这个过程是不可逆的，因此产生了能量损耗。超磁致伸缩材料在受到足够大的预紧力时，主导磁化过程的是磁畴的运动。

（3）涡流损耗 当作用于超磁致伸缩材料的外磁场随时间变化时，材料内的磁通量及磁感应强度也发生相应的变化。根据电磁感应定律，这种变化将在材料内产生垂直于磁通量的环形感应电流，即涡流。超磁致伸缩材料是良导体，涡流会产生磁通量阻碍交流磁场，产生一定的欧姆损耗。相反的，这种涡流又将激发一个磁场来阻止外磁场引起的磁通量的变化，使材料内的实际磁场减小，降低了超磁致伸缩材料的利用率。

1.2.4　热特性

超磁致伸缩材料的热状态对其性能影响较大。因此在动态应用的条件下，应采用通恒温水、变压器油等流体和片状超磁致伸缩材料，对磁滞损耗和涡流损耗所产生的热变形进行抑制。

1.2.5　压应力特性

当沿着磁致伸缩材料的轴向施加压应力时，其磁化曲线和磁滞回线变得平坦，而磁致伸缩应变曲线变得陡峭，这使得超磁致伸缩材料在低磁场下就能获得很高的磁致伸缩效应。另外，磁致伸缩材料为脆性材料，其抗压强度约为 700MPa，但其抗拉强度只有约 28MPa，因此为避免在工作时承受拉应力或剪切应力，应对棒状磁致伸缩材料施加压应力。

1.3　超磁致伸缩致动器的发展及应用

磁致伸缩器件所具有的优点已得到广泛认可，磁致伸缩水声换能器已实现了商品化，并且显示出良好的应用前景。目前，磁致伸缩材料的应用领域已从最初的水声换能器逐步扩展到精密和超精密定位、微小型器件等，不断向高精度、高稳定度的领域发展。

（1）对磁致伸缩模型的研究　为了对磁致伸缩器件进行设计、整体性能评估、控制及使用，很多科研机构和学者对磁致伸缩器件模型做了大量的研究工作。众多学者建立了大量的磁致伸缩模型，但这些模型种类繁杂，每种模型仅适合特定场合。

经典的 Preisach 模型，由德国物理学家 Preisach 在 1935 年提出；20 世纪 70 年代，苏联数学家 M. Krasnosel′skii 和 A. Pokrovskii 进行了数学抽象；之后，美国学者 Mayergoyz 从工程应用方面进行了总结；1990 年，Restorff 和 Clark 等将这一理论应用到超磁致伸缩材料领域，提出了基于 GMM 的 Preisach 磁滞模型，将铁磁物质表示为一组具有矩形磁滞特性的磁偶极子，材料的宏观磁滞特性被看作是这些磁偶极子磁滞特性的总和。Preisach 模型能够较准确地描述其静态和准静态非线性特性，但并未考虑磁滞的频率相关性，对系统内在信息无法反映，在应用中灵活性低、执行时间长。

神经网络磁滞模型是一种基于实验数据的数学模型，通过大量神经元间的并行协同作用来实现模拟功能。该模型能够充分逼近任意复杂的磁滞非线性映射关系，适应性强，但该模型同样无法揭示磁滞过程的机理，且算法复杂。

Jiles-Atherton 模型（简称 J-A 模型）是基于铁磁材料的畴壁理论而建立的磁化强度磁滞模型，认为超磁致伸缩材料单位体积内的输入能量等于其静磁能与磁滞损耗能之和，从而将磁化强度分为可逆与不可逆两部分。J-A 模型能较好地描述 GMM 的磁化过程，在磁场变化率恒定时有较好的精度。但该模型相对复杂，参数较多，由于结构限制，测量比较困难。

自由能模型是 Smith 运用 Helmholtz-Gibbs 自由能关系和统计学分布理论，模拟了 GMM 磁化强度和磁场强度，以及应变和磁场强度的变化关系。模型假设温度不变和准静态操作环境，没有考虑涡流损耗的影响，只适用于低频情况。

（2）对超磁致伸缩材料的研究　在超磁致伸缩模型的基础上，学者们展开了对超磁致伸缩材料的应用研究。

G. Engdahl 采用应力应变来描述磁致伸缩过程，建立超磁致伸缩模型，对影响磁致伸缩或磁致伸缩致动器性能的因素进行了分析。

D. Davino 等研究了机械应力对超磁致伸缩材料磁滞的影响，在类 Preisach 模型上将时变的机械负载作为一个额外输入，从而实现超磁致伸缩材料磁滞误差的补偿。

S. Karunanidhi 等基于磁致伸缩致动器对动态伺服阀的设计、分析和仿真及其应用等方面进行了研究，并完成了相应的样机模型。

Adam Witthauer 等研究开发了一个基于 Terfenol-D 的低频、大功率的且能够进行位移放大的弯曲伸张杠杆系统，系统能够实现的力 365N，位移为 1.6mm，精度达 $1\mu m$。

A. de Blas 等采用 Preisach 模型应用于电气工程的计算分析方面，以数值方法近似解析磁滞特征。经典的 Preisach 模型是一种用简单的数值方法执行的系统模型，可以根据性能表现预测电磁场强度的瞬时值。

在交流输入下，执行器会产生涡流等非线性损失，当分析执行器的动态性能时，必须考虑这部分能量损失，否则会引起分析结果的失真，R. Venkataraman 等分析了 Terfenol-D 棒上的涡流损失，但没有从执行器整体上考虑多种非线性因素对执行器动态性能的影响。

（3）对超磁致伸缩执行器的研究　超磁致伸缩执行器中存在应力场、电磁场、温度场，因此有限元方法是分析设计超磁致伸缩执行器的有效手段，许多学者已在此方面做了大量的研究工作。

Delince 等建立了线性二维有限元模型，Benbouzid 等建立了二维非线性动态有限元模型，K. S. Kannan 等建立了三维非线性准静态有限元模型。J. L. Pérez-Aparicio 等建立了超磁致伸缩执行器三维非线性动态多场全耦合有限元模型，但未考虑非线性因素中的磁滞损失部分。Benatar 等运用商业有限元软件 FEMLAB 求解了三维非线性有限元静态模型，模型中也没有考虑磁滞损失。

赵章荣等在 Pérez-Aparicio 模型和 Benatar 等人工作的基础上，应用 J-A 模型计算磁滞损失，从机械应力场方程和麦克斯韦电磁场方程出发，建立了计及涡流和磁滞损失的三维非线性动态有限元模型，并利用 FEMLAB 进行了分析验证。

浙江大学邬义杰等考虑超磁致伸缩执行器 Terfenol-D 棒质量、预压应力、偏置磁场、磁滞和涡流损失，从电场、磁场和机械应力场三场耦合角度，建立超磁致伸缩执行器三维非线性动态有限元模型。在 Pérez-Aparicio 模型和 Benatar 等人工作的基础上，应用 Berqvist 和 Engdahl 提出的磁滞模型计算磁滞损失，从机械应力场方程和麦克斯韦电磁场方程出发建立计算涡流和磁滞损失的三维非线性动态有限元模型，并用 FEMLAB 进行分析和实验验证，证明两者结果相吻合。

兰州大学王天忠描述了超磁致伸缩致动器系统在无偏磁条件下复杂磁滞行为的建模，用一个新的非线性动态模型来对磁滞行为建模，可以准确地描述超磁致伸缩致动器在准静态和动态操作条件下的复杂磁滞行为。数值仿真结果表明，涡流效应和结构动态行为是超磁致伸缩致动器系统与频率有关的磁滞行为的起源，有必要同时考虑这两个因素。

天津大学郑加驹对超磁致伸缩装置的输入应力和磁通密度表现出滞后非线性和磁致伸缩材料固有的磁弹性耦合进行研究。基于 J-A 模型、磁机效应理论和磁力模型，建立了用于磁力控制的磁机滞后模型，用混合遗传算法估计优化参数。结果表明，在变化压力和恒定偏磁场下，该模型可以较好地描述该装置的磁化、磁通密度和磁力的磁机滞后行为。

宁波大学韩同鹏基于磁化机理的超磁致伸缩执行器磁滞模型，通过分析超磁致伸缩材料磁畴在外磁场作用下的运动规律，建立了超磁致伸缩执行器基于磁化机理的磁滞模型。该模型结合执行器的工作条件，充分考虑了材料的非线性和滞回特性。通过对实验测试结果进行分析，验证了模型能准确描述输入电流与输出应变之间的关系。

北京大学裴永茂研究了力磁热多场耦合测试技术，发表了超磁致伸缩材料多场耦合实验技术和相关的实验结果。电磁功能材料包括超磁致伸缩材料、磁控形状记忆合金、多铁性材料等具有响应速度快、机电转换效率高、能量密度高等特点，广泛应用于精密的传感器，致动器和换能器等电磁功能材料服役在磁场、应力场和温度场多场耦合的环境，在不同的耦合场作用下，其物理力学性能（包括磁滞回线、磁致伸缩、磁导率、磁化强度和弹性模量等）具有非常明显的差异。

山东大学李永在考虑超磁致伸缩致动器电-磁-机耦合特性的基础上，基于分层建模原理建立了超磁致伸缩致动器非线性动态模型，获得了各个子模块间的关系。在此基础上，对该非线性模型进行了线性化，并采用平衡实现理论对该高阶线性模型进行降阶。此外，还对超磁致伸缩致动器驱动系统模型的参数进行在线辨识研究，采用了广义预测控制策略对超磁致伸缩致动器系统进行跟踪控制。

杭州电子科技大学何汉林以 J-A 模型为基础，考虑 GMM 的驱动磁场强度和机械应力之间的关系，建立超磁致伸缩材料的动态磁机耦合模型。在推导过程中，主要以兰州大学郑晓静教授所建 Z-L 模型为原型进行精简改进得到，比原模型更为简单，更具有工程实用性。对经典 J-A 模型的求解方法进行了探讨，分析了其优劣。在经典 J-A 模型的基础上，结合磁机耦合模型，建立了超磁致伸缩材料的准静态磁化强度模型；同时，在准静态磁化强度模型的基础上，又考虑了涡流、额外损耗、预应力等因素，建立了超磁致伸缩材料的动态磁化强度模型。对引起不饱和小回线形状变化的关键因素进行分析，找出其变化规律，对动态磁化强度模型进行修正，建立适用于对称或不对称磁滞曲线中的不饱和状态迟滞小回线模型。根据实验数据，运用粒子群优化算法的寻优算法，结合最小二乘法思想，对模型参数进行辨识，将辨识后的参数值代到模型中，将所建模型与实验曲线进行对比，验证所建模型的正确性，并分析讨论实验误差。

磁致伸缩器件在工作状态时，一般受到机械压力场和电磁场双重耦合场的作用，其本构关系是非线性的，这给理论模拟带来了很大困难。确定磁致伸缩器件磁机械耦合本构关系的最初模型为线性压磁方程，该方程没考虑磁致伸缩材料的应力、磁化、温度的耦合作用，仅在低场作用下时，表示器件的线性行为。在超磁致伸缩器件应用中，可以采用实验方法在理论模型基础上建立应用模型。

第 **2** 章

滚珠丝杠副超磁致伸缩
预紧系统设计与优化

传统滚珠丝杠副的预紧方式无法实现预紧力的动态测量和实时控制，预紧力大小在丝杠出厂时设定为某一数值，运行时不能随着外部载荷的大小而适时调整，难以补偿因磨损和温升带来的间隙，达不到高性能机械传动系统的要求。利用 GMM 磁致伸缩正效应制作的超磁致伸缩致动器（Giant Magnetostrictive Actuator, GMA），具有能量密度高、性能稳定、响应速度快、驱动力大等优点，与传统技术相比优势显著。GMA 以其独特的驱动方式在有源主动减振、超精密加工、微小机械零件装配、航空航天伺服阀等领域中广泛应用。本书针对滚珠丝杠副超磁致伸缩智能预紧技术展开介绍。

2.1 双螺母滚珠丝杠副预紧原理与受力分析

滚珠丝杠副利用组件的滚动接触，摩擦系数低，被广泛用作机床和制造设备的精密进给单元。滚珠丝杠进给驱动单元的定位误差主要取决于该进给系统的几何误差和系统刚度。其中，在有滚珠丝杠副的精密机械设计及精密定位系统中，系统刚度是关键因素。

滚珠丝杠副的滚珠、螺母、丝杠、反向器等组件本身存在加工制造误差，在装配时有装配误差，而且在轴向载荷作用下会产生弹性变形，上述误差与变形构成了滚珠丝杠副轴向间隙。该间隙会直接影响传动或定位精度，并使得轴向刚度降低。

在双螺母之间施加预紧力能够减小固有的机械间隙，因此，双螺母预紧力是进给驱动性能的一个重要影响因素，可以通过适当调整控制从而达到较高的进给精度。同时，预紧力的值也影响滚珠丝杠的轴向刚度。提高预紧力，可以提高滚珠丝杠副可达到的动力范围，也可以提高进给驱动的最大可允许轴向负荷。因此，一般采用双螺母预紧装置调整预紧力。

2.1.1　双螺母滚珠丝杠副预紧原理

丝杠、螺母和滚珠等是滚珠丝杠副的主要组件。这些组件具有不同的形状和结构形式。

在螺纹滚道型面上，如图 2-1 所示，a 点和 b 点为滚珠与滚道型面的接触点，在过接触点的轴平面上，过点 a 和点 b 的公法线与通过滚珠中心的丝杠直径之间的夹角 β 为接触角。

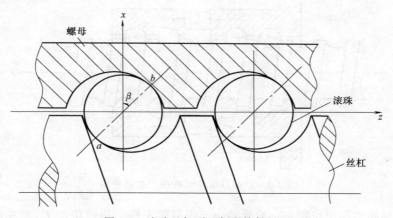

图 2-1　滚珠丝杠副几何和接触机理

螺纹滚道型面一般分为两种：单圆弧和双圆弧形。单圆弧形滚道型面加工比较简单，易获得较高的加工精度，但其接触角 β 易随工作条件而变化，容易导致滚珠丝杠副的轴向刚度不稳定。双圆弧形滚道型面由于接触角 β 不易随工作条件而改变，因而使得滚珠丝杠副的轴向刚度比较稳定，而且在螺旋槽底部形成了一个不与滚珠接触的狭小空间，能够容存润滑油，减少磨损，有利于滚珠流畅。一般滚珠丝杠副的滚道型面常选用双圆弧，如图 2-2 所示。

常见的滚珠循环有内、外循环两种。如果滚珠在循环反向时脱离了丝杠表面称为外循环方式，反之，为内循环。单圈内循环的列数通常为 2~4 列。本书中应用的博特精工 GD4010 的滚珠循环方式为内循环方式，单圈内循环的列数为 3 列。

在滚珠丝杠副中，通常把承受轴向工作载荷的螺母称为工作螺母，而把只承受预紧力的螺母称为预紧螺母，如图 2-3 所示。该结构为垫片式预紧结构，通过调

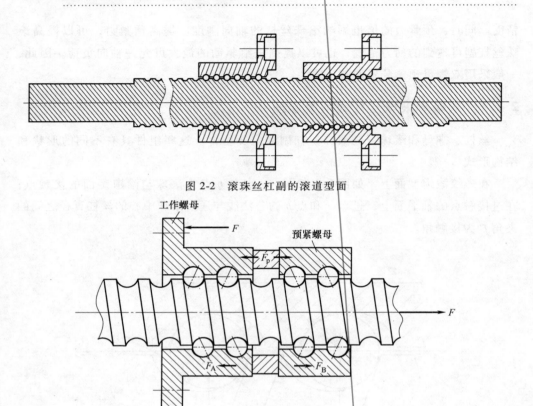

图 2-2 滚珠丝杠副的滚道型面

图 2-3 双螺母滚珠丝杠副加载示意图

整两个螺母间的轴向位置，在承受轴向工作载荷 *F* 前，通过施加 F_p 预先使两个螺母间的工作滚珠分别与丝杠滚道面接触，预先形成一定的接触压力。

双螺母预紧按照使两个螺母间产生相对位置变化的方法不同，可分为齿差式、螺纹式、垫片式和压电（或压磁材料）式 4 种类型的预紧结构。这 4 种类型通过轴向平移或相对旋转两螺母使两个螺母产生轴向位移，称为定位预紧。与之相应的还有一种双螺母弹簧预紧，该方式通过弹簧在两螺母之间产生张力，在工作过程中，可认为预紧力近似不变，称为定压预紧。

上述传统的双螺母预紧方法在滚珠丝杠副工作过程中，不便于预紧力的及时调整，而且预紧力的量化精度比较低，在使用中产生了螺纹滚道的机械磨损后，预紧力的调整精度难以保持。

2.1.2 双螺母滚珠丝杠副预紧受力分析

工程实践中，预紧力不宜过大也不宜过小，最佳预紧力可使轴向刚度提高约 2

倍。下面以垫片式双螺母滚珠丝杠副预紧为例分析其受力情况。

垫片式双螺母滚珠丝杠副预紧原理如图 2-4 所示，为减小滚珠丝杠副接触弹性变形，提高轴向刚度，在螺母 A 与螺母 B 之间加入垫片，使得两个螺母、滚珠与丝杠滚道接触且接触角的方向相反，垫片厚度决定滚珠丝杠副的预紧力大小。

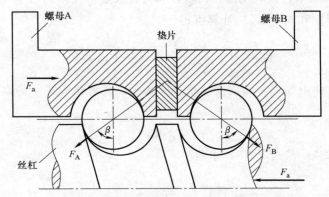

图 2-4 垫片式双螺母滚珠丝杠副预紧原理示意图

令 F_a 为轴向载荷，沿丝杠轴向均匀分布；β 为滚道与滚珠的接触角，视为相等；α 为滚珠丝杠副的螺旋升角；z 为滚珠数；F_{pa} 为预紧力，其法向分力为 F_p；F_A、F_B 分别为螺母 A、B 中滚珠对滚道的法向作用力。由于存在接触角和螺旋升角，预紧力 F_{pa} 与法向预紧力 F_p 的关系为

$$F_{pa} = zF_p \sin\beta \cos\alpha \tag{2-1}$$

在 F_a 作用下，螺母 A 中的法向作用力减小 F_1，螺母 B 中的法向作用力增加 F_2，则

$$F_A = F_p - F_1, \quad F_B = F_p + F_2 \tag{2-2}$$

因两螺母结构相同，滚珠受到均匀的力，在 F_{pa} 作用下，依据丝杠副受力平衡条件可得

$$F_a - (F_p + F_2)z\sin\beta\cos\alpha + (F_p - F_1)z\sin\beta\cos\alpha = 0 \tag{2-3}$$

由式（2-3）可得

$$F_1 + F_2 = \frac{F_a}{z\sin\beta\cos\alpha} \tag{2-4}$$

基于变形协调条件与叠加原理，在 F_a 与 F_{pa} 共同作用下，螺母 A、B 的总轴向变形量 Δx_A、Δx_B 的计算公式为

$$\Delta x_A = \Delta x_P - \Delta x_a, \quad \Delta x_B = \Delta x_P + \Delta x_b \tag{2-5}$$

式中，Δx_P 为 F_p 引起的轴向接触变形；Δx_a、Δx_b 为外部轴向载荷引起恢复变

形量。

又由赫兹接触变形理论得

$$\Delta x_P = kF_p^{\frac{2}{3}}, \quad \Delta x_A = k(F_p - F_1)^{\frac{2}{3}}, \quad \Delta x_B = k(F_p + F_2)^{\frac{2}{3}} \tag{2-6}$$

式中，k 为比例系数，其大小由几何参数和材料决定。

由式（2-5）和式（2-6）计算可得

$$1 - \frac{F_1}{F_p} = \left(1 - \frac{\Delta x_a}{\Delta x_P}\right)^{\frac{3}{2}}, \quad 1 + \frac{F_2}{F_p} = \left(1 + \frac{\Delta x_a}{\Delta x_P}\right)^{\frac{3}{2}} \tag{2-7}$$

将式（2-7）中等式右侧依据泰勒公式展开，并省略等式中的高次项，整理结果如下：

$$F_1 = F_2 \tag{2-8}$$

结合式（2-4）与式（2-8）求得

$$F_1 = F_2 = \frac{F_a}{2z\sin\beta\cos\alpha} \tag{2-9}$$

由式（2-1）、式（2-2）、式（2-9）可求得滚珠对滚道的法向作用力 F_A、F_B 分别为

$$F_A = \frac{2F_{pa} - F_a}{2z\sin\beta\cos\alpha}, \quad F_B = \frac{2F_{pa} + F_a}{2z\sin\beta\cos\alpha} \tag{2-10}$$

螺母 B 的轴向接触变形 Δx_B 与接触刚度 K_a 分别为

$$\Delta x_B = \frac{1}{2}\left[\frac{3\left(F_p + \frac{F}{2z\sin\beta\cos\alpha}\right)}{zE'}\right]^{\frac{2}{3}}\left[\delta_n^*\left(\sum\rho_n\right)^{\frac{1}{3}} + \delta_s^*\left(\sum\rho_s\right)^{\frac{1}{3}}\right](\cos\alpha)^{\frac{1}{3}}(\sin\beta)^{\frac{5}{3}} \tag{2-11}$$

$$K_a = \frac{3(2F_p 2z\sin\beta\cos\alpha + F)^{\frac{1}{3}}}{\left(\frac{3}{2zE'}\right)^{\frac{2}{3}}\left[\delta_n^*\left(\sum\rho_n\right)^{\frac{1}{3}} + \delta_s^*\left(\sum\rho_s\right)^{\frac{1}{3}}\right](\cos\alpha)^{\frac{1}{3}}(\sin\beta)^{\frac{5}{3}}} \tag{2-12}$$

式中，δ_n^*、δ_s^* 为与接触椭圆参数有关的无量纲参数；$\sum\rho_n$、$\sum\rho_s$ 为螺母和丝杠滚道的主曲率之和；E' 为等效弹性模量；K_a 为轴向接触刚度。

式（2-11）和式（2-12）表明，当双螺母滚珠丝杠副几何参数一定的情况下，其轴向接触变形与轴向接触刚度主要受到轴向载荷及预紧力的影响。假定预紧力大小不变，增大轴向载荷，当螺母 A 的总轴向变形量为零时，总轴向力为零，若继续增大轴向载荷，螺母 A 将出现间隙，故将 $\Delta x_A = 0$ 作为极限状态用来确定预紧

力的大小，此时外加轴向载荷为最大，一般轴向预紧力 F_{Pa} 与轴向载荷的关系为初始预紧力应能达到滚珠丝杠最大轴向载荷的 1/3，即

$$F_{Pa} = \frac{1}{\sqrt{8}} F_{max} = \frac{1}{2\sqrt{2}} F_{max} \approx \frac{1}{3} F_{max} \tag{2-13}$$

由以上分析可知，滚珠丝杠副运行时预紧力和轴向载荷是影响轴向接触刚度的重要因素，垫片的磨损将引起预紧力的变化，产生轴向间隙，轴向载荷变化也会引起预紧力改变。因此，按照改变等效垫片厚度即可调整预紧力的思路设计能够实现预紧力测控的智能预紧系统。

2.2　滚珠丝杠副超磁致伸缩预紧系统结构设计

根据滚珠丝杠副螺母预紧技术要求及结构特点，超磁致伸缩预紧系统的结构分为棒状 GMM 预紧结构和筒状 GMM 预紧结构。棒状 GMM 预紧结构根据放置 GMM 位置的不同又可分为附加铰链-杠杆机构的单个 GMM 预紧结构、分立式棒状 GMM 预紧结构，以及分段式永磁偏置棒状 GMM 预紧结构。

2.2.1　超磁致伸缩致动器结构设计

1. 棒状 GMM 预紧结构的设计与分析

（1）超磁致伸缩材料的选取　本书中 GMM 采用甘肃天星稀土功能材料有限公司生产的 Terfenol-D 为研究对象，材料性能符合国家标准 GB/T 19396—2003《铽镝铁大磁致伸缩材料》，在预压力 10MPa 和磁场强度 80kA/m 时，磁致伸缩系数 $\lambda \geq 1000 \times 10^{-6}$。由于双螺母滚珠丝杠的预紧变形量一般以 μm 为单位计算，在本书中棒状 GMM 的输出微位移总量设定为 100μm。

棒状 GMM 在磁场和压力作用下的长度变化量 Δl 与原长度 l 比值为其磁致伸缩系数 λ，即

$$\lambda = \frac{\Delta l}{l} \tag{2-14}$$

根据滚珠丝杠副预紧力的调节要求，结合超磁致伸缩结构外形尺寸，圆柱体高设定为 120mm，由式（2-14）可知，当 $\lambda = 1000 \times 10^{-6}$ 时，棒状 GMM 的长度变化量为

$$\Delta l = \lambda l = 1000 \times 10^{-6} \times 120 \times 10^{3} \mu m = 120 \mu m$$

即棒状 GMM 的单向输出位移可达 120μm。

磁性材料的磁力学特性，即磁致伸缩与机械应力之间的关系，可以通过 Car-man 等建立的压磁方程表达。

$$\varepsilon = \frac{\sigma}{E^H} + dH^2 + r\sigma H^2 \qquad (2\text{-}15)$$

$$B = \mu H + d\sigma H + r\sigma^2 H \qquad (2\text{-}16)$$

式中，ε、E^H、σ、d、H、B、μ 分别为 Terfenol-D 材料长度方向的总应变、弹性模量、应力、磁致伸缩系数、磁场强度、磁感应强度及磁导率；r 为场磁弹性系数。

显然，该方程考虑磁场、应力高阶耦合项的影响，表示出了磁性材料的一个非线性耦合本构关系。

棒状 GMM 产生的应变与受到的压力和施加的磁场大小有关，而且棒状 GMM 的弹性模量 E^H 为 $(2.5 \sim 6.5) \times 10^{10} \text{N/m}^2$，也不是一个确定值，因此 GMM 的直径与输出力的关系难以确定。

但对于准静态负载，可将棒状 GMM 简化为刚度为常数的线性弹性体，在磁场强度一定的条件下，根据胡克定律，

$$F = AE\lambda \qquad (2\text{-}17)$$

式中，A 为棒状 GMM 截面积；E 为棒状 GMM 沿轴向的弹性模量。

设定棒状 GMM 最大输出力为 1100N，即 $F_{max} = 1100$N，棒状 GMM 的 E^H 取 $(2.5 \sim 6.5) \times 10^{10} \text{N/m}^2$，由式（2-15）可得，棒状 GMM 直径 d 可取范围为 4.6～7.5mm。当棒状 GMM 长一定时，增大其直径可以减小驱动磁路的磁阻，提高通过棒状 GMM 的磁通量，因此，棒状 GMM 的直径可略大于 7.5mm，然而棒状 GMM 直径的增大势必会导致驱动线圈的内径增大，因此综合考虑这两方面的因素，设定棒状 GMM 直径为 10mm。

（2）结构设计与分析　根据选定的滚珠丝杠副螺母预紧的要求，设计超磁致伸缩结构的总体技术要求为棒状 GMM 的长度不小于 100mm。对棒状 GMM 施加适当的偏置磁场和预压力，使超磁致伸缩结构的最大行程达到 $\pm 50\mu$m，最大输出力达到 1100N。超磁致伸缩结构的设计，涉及电、磁、机、热等多个物理场的相互作用，以棒状 GMM 为研究对象，对其结构进行设计优化，须考虑几何形状、驱动方式、冷却方式及预压应力等方面，最终确定超磁致伸缩结构参数。

1）驱动方式。如果棒状 GMM 采用电磁式驱动方式，可以较方便地通过调节驱动电流来调节磁场的大小，但缺点是体积相对较大，线圈发热比较严重。因此，棒状 GMM 的驱动方式采用线圈+永磁体的组合式驱动。为使结构紧凑，简化磁路设计，节约成本，采用分段小型圆柱永磁体产生偏置磁场。

当棒状 GMM 采用组合式驱动时，其内部磁场的均匀性及线性与磁路有关，而影响磁路的两个关键因素是偏置磁场和磁轭。分段式永磁偏置结构如图 2-5 所示，棒状 GMA 的工作场合要求其最大输出力大于 1100N，最大输出位移大于 $100\mu m$，棒状 GMM 与永磁体轴向总长度介于 $130 \sim 140mm$ 之间。因此，设定棒直径 $d = 10mm$、n 段棒的总长 $l_T = 120mm$、永磁体与 GMM 棒的总长度 $l_d = 133.5mm$，根据厂家提供的电磁学参数，棒状 GMM 的最佳偏置

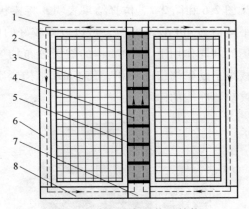

图 2-5　分段式永磁偏置结构

1—磁轭 1　2—磁路　3—励磁线圈　4—Terfenol-D 棒
5—永磁体　6—磁轭 2　7—导磁块　8—磁轭 3

磁场强度为 40kA/m。在以上约束条件下，设励磁电流为零，只考虑永磁偏置，仿真结果见表 2-1。

表 2-1　不同分段结构的偏置磁场

单元数	分段永磁体长 l_{PM}/mm	Terfenol-D 棒长 l_T/mm	偏置磁场强度 H_B/（kA/m）
1	6.75	120	15.7853
2	4.5	60	24.8876
3	3.375	40	27.9871
4	2.7	30	31.8072
5	2.25	24	35.0419
6	1.93	20	37.0718
7	1.69	17.14	38.6895
8	1.5	15	40.1905
9	1.35	13.33	41.334
10	1.23	12	42.4682

由表 2-1 可以看出，分段式永磁偏置结构在单元数为 8 时的偏置磁场强度最接近最佳偏置磁场强度 40kA/m。因此，综合考虑偏置磁场强度和实际加工尺寸，采用 9 段 $\phi10mm \times 1.5mm$ 永磁体 NdFeB、8 段 $\phi10mm \times 15mm$ GMM、线圈匝数 $N = 1200$。

在以上条件下，永磁偏置结构磁场强度分布云图和中心轴线磁场强度分布分

别见图 2-6 和图 2-7。仿真结果表明，将棒状 GMM 分为 8 段时，产生的偏置磁场强度平均值为 40kA/m 左右，可以取得较好的偏置效果；此时在永磁偏置和电磁驱动磁场的共同作用下，GMM 棒的磁场分布均匀，满足工作场合需求。组合式磁场驱动减小了励磁绕组的体积，使 GMA 结构紧凑，发热减小，降低了温升对超磁致伸缩致动器性能的影响。

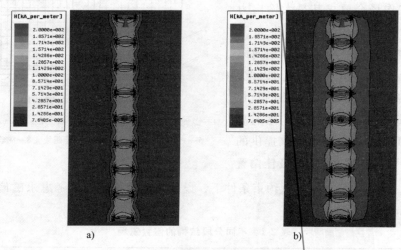

图 2-6　永磁偏置结构磁场强度分布云图

a）DC 0A　b）DC 3A

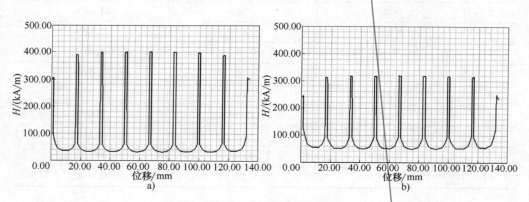

图 2-7　中心轴线磁场强度分布

a）DC 0A　b）DC 3A

2）预压应力。GMM 比较脆，其抗压强度约为 700MPa，抗拉强度约为 28MPa。GMM 保持在一定程度的压缩强度下，可以免受拉应力的影响，提高其工作稳定性。棒状 GMM（φ10mm）在不同预压应力下的 *B-H* 曲线如图 2-8 所示。

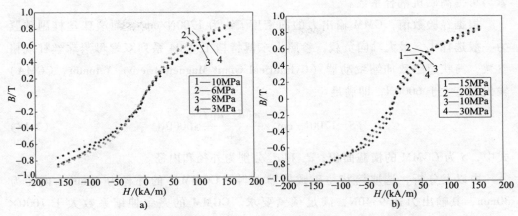

图 2-8　棒状 GMM（ϕ10 mm）在不同预压应力下的 *B-H* 曲线

a）较低预压应力下的 *B-H* 曲线　b）较高预压应力下的 *B-H* 曲线

通过图 2-8a 可以看出，在较低预压应力下，预压应力不同，*B-H* 曲线不同。ϕ10mm 的棒状 GMM 处于 $-80\sim+80$kA/m 磁场强度下，所产生的磁感应强度差距不明显；处于 $-160\sim-80$kA/m 和 $80\sim160$kA/m 磁场强度下，所产生的磁感应强度差距明显增大。在预压应力为 10MPa（曲线 1）时，*B-H* 曲线呈现出较高斜率。

通过图 2-8b 可以看出，在较高预压应力下，预压应力不同。*B-H* 曲线也不同。ϕ10mm 的棒状 GMM 处于 $-80\sim+80$kA/m 磁场强度下，*B-H* 曲线的斜率变化比较明显，所产生的磁感应强度差距明显；处于 $-160\sim-80$kA/m 和 $80\sim160$kA/m 磁场强度下，所产生的磁感应强度差距不明显。在预压应力为 10MPa（曲线 3）时，*B-H* 曲线呈现出比较高的线性，也呈现出较高的斜率。

通过上述分析，确定 ϕ10mm 的棒状 GMM 的预压应力为 10MPa。

机械元件如螺旋弹簧、碟形弹簧等可以为棒状 GMM 提供预压应力。与螺旋弹簧相比，碟形弹簧作为预压应力装置更为有利，其占用空间小、频响高、刚度大，有利于减小滚珠丝杠副预紧结构的体积，而且在超磁致伸缩材料产生磁致伸缩时，若设置合适的碟形弹簧，可以使碟形弹簧产生的预压应力基本不变，即可以使得 GMM 工作时的预压应力保持不变。

2. CGMA 的结构设计与分析

（1）GMM 的选择　GMM 选择 ETREMA 公司生产的 TbDyFe，其抗压强度为 700MPa 左右，抗拉强度为 28MPa 左右，因抗拉强度低，脆性大，若工作时不施加预压应力，材料在外部磁场作用下容易断裂损坏。施加预压应力可改变磁畴的初始排列，在改变外部驱动磁场时得到较大的轴向磁致伸缩变形。此外，适当的预紧力可提高磁机耦合系数。

根据经验数值，GMM 输出力的面密度 f 约为 1700N/cm^2，而滚珠丝杠副预紧力一般选择 1/3 最大轴向负载，参照山东博特精工 2504 系列双螺母滚珠丝杠规格参数，筒状超磁致伸缩致动器（Cylindrical Giant Magnetostrictive Actuator，CGMA）输出力应大于 6000N，即满足

$$fS = 1700\text{N/cm}^2 \times \frac{\pi(d_e^2 - d_i^2)}{4} > 6000\text{N} \tag{2-18}$$

式中，S 为 CGMM 的横截面积；d_e 和 d_i 分别为外径和内径。

由以上分析，选取筒状超磁致伸缩材料（CGMM）的外径为 40mm、内径为 30mm，其输出力达 9340N，满足预紧要求。CGMM 的磁致伸缩系数大于 1000×10^{-6}，参考 2504 系列滚珠丝杠的精度等级，CGMA 输出位移应大于 20μm，考虑杆件的弹性变形，选取 CGMM 的长度为 50mm。

（2）结构设计与分析　参照所选滚珠丝杠副，CGMA 的输出力应大于 6000N，输出位移应大于 20μm，考虑杆件的弹性变形，选取 CGMM 的外径为 40mm、内径为 30mm、长度为 50mm。应力、磁场与温度场是影响 CGMA 输出特性的重要因素，其结构设计须考虑这三方面的影响。

1）预压应力。绝大多数 GMM 在实际应用中都须施加预压应力，一般为几兆帕到几十兆帕，不同材料的最佳预应力大小不同。参考 ETREMA 公司提供的样本，所用材料最佳预应力小于 10MPa，由所选 CGMM 的内、外径可以估算碟形弹簧产生的压力至少为 5495N，其内径应大于 CGMM 的外径 40mm。为达到设计所需，根据所选 CGMM 尺寸选择的碟形弹簧参数见表 2-2。在 Timoshenko 假设条件下，单片碟形弹簧受力与变形的计算关系为

$$F_S = \frac{xt^3}{TD^2}\left[\left(\frac{h_0}{t} - \frac{x}{t}\right)\left(\frac{h_0}{t} - \frac{1}{2}\frac{x}{t}\right) + 1\right] \tag{2-19}$$

式中，T 为与弹簧内外径比值 D/d 有关的修正值；F_S 为碟形弹簧受力；x 为碟形弹簧受力后的轴向变形量。

表 2-2　碟形弹簧的参数

外径 D/mm	内径 d/mm	厚度 t/mm	高度 H/mm	变形量 h_0/mm	最大输出力 F_{max}/N
80	41	2.25	5.2	2.95	6950

改变 CGMA 中预紧螺母位置可使碟形弹簧输出不同的轴向变形量，得到不同预压力，在预压力 2100N、2700N、3400N、3900N、4400N 下未施加偏置磁场的

CGMA 位移-电流曲线，如图 2-9 所示。测试中电流的变化范围为 0～10A，可以看出，相同驱动电流作用下，CGMA 电流-位移曲线特性不随碟形弹簧施加压力的增大而单调变化，而是在某一压力下输出特性最佳。在 5 组测试数据中，当碟形弹簧的压力为 2700N（曲线 1）时，输出位移达到最大值 55μm，且 CGMA 电流-位移曲线对应的输出位移变化最大。因此，选取 2700N 作为预压力，对应 CGMM 的预压应力为 4.91MPa。

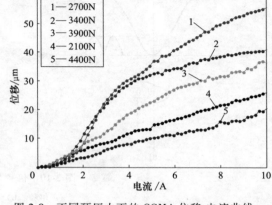

图 2-9　不同预压力下的 CGMA 位移-电流曲线

2）偏置磁场与磁路结构。在没有外部机械约束时，CGMA 在增加的驱动磁场作用下将会逐渐伸长至最大输出位移；当 CGMA 在螺母等外部机械约束限制下，其输出位移变小，随着约束力增大，CGMA 完全不能输出位移，此极限点处的力称为 CGMA 的阻塞力，即为 CGMM 输出的最大力，可表述为

$$F_{\text{CGMM}} = E_{\text{CGMM}}\lambda_{\max}A = \frac{\pi E_{\text{CGMM}}\lambda_{\max}(d_{\text{e}}^2 - d_{\text{i}}^2)}{4} \qquad (2\text{-}20)$$

式中，F_{CGMM} 为 CGMM 输出的最大力；E_{CGMM} 为 CGMM 的弹性模量；$\lambda_{\max}$ 为 CGMM 的最大磁应变。

由式（2-20）可看出，当 CGMA 的几何尺寸一定时，CGMA 输出力（丝杠预紧力）的大小取决于不同磁场作用下磁应变的大小。因此，磁场分析与磁路结构设计是 CGMA 的结构设计中的关键。

因 GMM 在正、反向磁场中尺寸都会伸长，因此交流驱动会使材料的应变或应力发生倍频现象，如图 2-10 所示。预先施加一个恒定的偏置磁场，即使 CGMM 处于极化状态，也能消除倍频效应，还可改善 CGMA 输出的线性度，使控制更为容易。

偏置磁场通过采用永磁体或直流线圈施加。CGMA 永磁偏置方式常采用两种方式，将永磁体置于 CGMM 两端或轴向，组成封闭的磁路，以达到偏磁目的，如图 2-11 所示。永磁偏置不会产生额外热量，CGMA 结构紧凑，但该方式不能灵活调整偏磁大小，且当 CGMM 轴向尺寸较大时，磁场均匀性差，可用于 CGMM 轴向尺寸较小或者分段式偏置的场合。

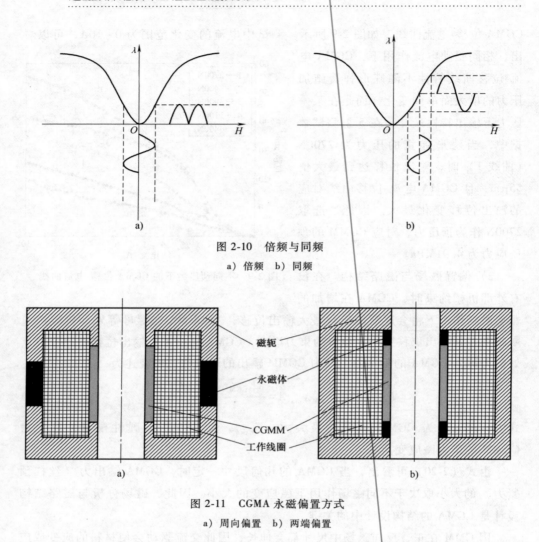

图 2-10 倍频与同频

a) 倍频 b) 同频

图 2-11 CGMA 永磁偏置方式

a) 周向偏置 b) 两端偏置

线圈偏置方式可设计独立的偏置线圈，也可通过电源设计在驱动电流上叠加偏置电流实现，改变线圈电流可调节偏置磁场。如图 2-12 所示。该方式可控性好，灵活性强，偏置磁场分布均匀，但电磁线圈会产生焦耳热，对 CGMA 温控系统的冷却性能要求高。本书中考虑 CGMA 的应用场合，分段偏置会影响其机械性能，因此，选用线圈偏置法，为减小线圈互感的影响，采用单驱动线圈叠加偏置电流施加偏磁。

当 CGMA 与丝杠不装配，即 CGMA 中空时，CGMA 电磁线圈驱动电流产生的磁通回路由 Φ 和 Φ' 组成，如图 2-13a 所示，CGMA 中等效的磁路模型如图 2-13b

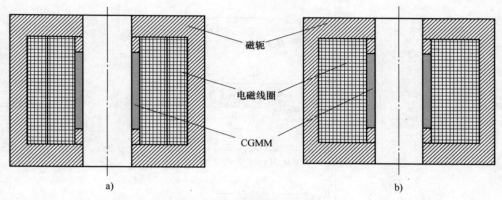

图 2-12　线圈偏置方式

a）直流偏置线圈　b）驱动电流叠加偏置电流

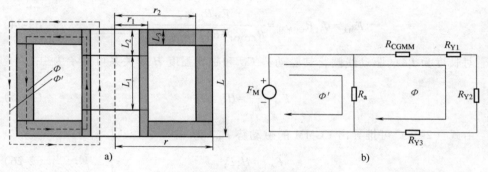

图 2-13　CGMA 的磁路

a）磁通分布　b）等效磁路模型

所示。在图 2-13 中，F_M 表示匝数为 N、电流为 I、漏磁补偿系数为 k_c 时，驱动线圈的磁动势；R_{CGMM}、R_{Y1}、R_{Y2} 和 R_{Y3} 分别表示 Φ 磁通回路中 CGMM、导磁环、盘形磁轭和导磁筒的磁阻；R_a 表示 Φ'磁通回路中空气的磁阻。只有 CGMM 的内部磁场对其输出特性有影响，因此在 CGMA 设计中只分析磁通路 Φ，基于磁路基尔霍夫定律可得

$$F_M = \Phi(R_{CGMM} + R_{Y1} + R_{Y2} + R_{Y3}) \tag{2-21}$$

横截面积为 A、磁导率为 μ、长为 l 的导磁体磁阻 R 可定义为

$$R = \int \frac{\mathrm{d}l}{\mu A} \tag{2-22}$$

由式（2-22）可得 R_{CGMM}、R_{Y1}、R_{Y2} 和 R_{Y3} 的值分别为

$$\begin{cases} R_{\text{CGMM}} = \dfrac{L_1}{\mu_0\mu_{\text{CGMM}}\dfrac{\pi(d_e^2-d_i^2)}{4}} \\[4mm] R_{\text{Y1}} = \dfrac{2L_2}{\mu_0\mu_Y\dfrac{\pi(d_e^2-d_i^2)}{4}} \\[4mm] R_{\text{Y2}} = \dfrac{1}{\pi\mu_0\mu_Y L_3}\ln\dfrac{r_2}{r_1} \\[4mm] R_{\text{Y3}} = \dfrac{L}{\mu_0\mu_Y\pi(r^2-r_2^2)} \end{cases} \tag{2-23}$$

根据磁路欧姆定律和式（2-21）可得 CGMM 的磁动势 F_{M1} 为

$$F_{\text{M1}} = \Phi_1 R_{\text{CGMM}} = \frac{F_M R_{\text{CGMM}}}{R_{\text{CGMM}}+R_{\text{Y1}}+R_{\text{Y2}}+R_{\text{Y3}}} \tag{2-24}$$

对长度为 L_c 的驱动线圈，其磁动势 F_M 和磁场强度 H 的关系可表示为

$$F_M = \frac{NI}{k_c} = HL_c \tag{2-25}$$

由式（2-25）可推导出 CGMM 的磁动势 F_{M1} 为

$$F_{\text{M1}} = H_1 L_1 \tag{2-26}$$

由式（2-23）~式（2-26），可计算得到 CGMM 内部磁场强度 H_1 为

$$H_1 = \frac{\dfrac{NI}{k_c}}{\mu_0\mu_{\text{CGMM}}\dfrac{\pi(d_e^2-d_i^2)}{4}\left[\dfrac{L_1}{\mu_0\mu_{\text{CGMM}}\dfrac{\pi(d_e^2-d_i^2)}{4}}+\dfrac{2L_2}{\mu_0\mu_Y\dfrac{\pi(d_e^2-d_i^2)}{4}}+\dfrac{1}{\pi\mu_0\mu_Y L_3}\ln\dfrac{r_2}{r_1}+\dfrac{L}{\mu_0\mu_Y\pi(r^2-r_2^2)}\right]} \tag{2-27}$$

式（2-27）表明了磁场强度与 CGMA 内部各元件参数之间的关系。磁轭的相对磁导率（如铁的 $\mu_Y=4000$）远远大于 CGMM（如 TbDyFe 的 $\mu_{\text{CGMM}}=3\sim15$），由式（2-27）得磁场 H_1 可近似为 $H_1 = NI/(L_1 k_c)$，此公式可用于估算结构设计中 CGMM 的长度参数。

CGMA 用于滚珠丝杠副预紧时需穿过丝杠杆件，考虑丝杠材料大多具有导磁性，其内部磁回路及等效磁路结构与空心状态（图 2-13）不同，如图 2-14 所示。

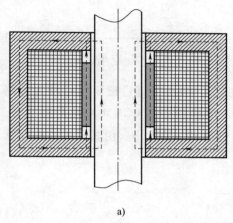
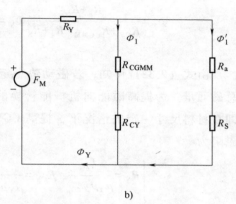

a) b)

图 2-14 穿入杆件后 CGMA 的磁路模型

a) 结构示意图 b) 等效磁路模型

忽略外部空气中的漏磁，依据磁路基尔霍夫定律分析可得

$$\Phi_Y = \Phi_1 + \Phi_1' \tag{2-28}$$

式中，Φ_Y 为磁轭磁通；Φ_1' 为杆件与内部空气串联支路磁通；Φ_1 为 CGMM 与导磁环串联支路磁通。基于安培环路定理及磁路欧姆定律，采用回路分析法可得

$$(R_{CY} + R_{CGMM})\Phi_1 + R_Y\Phi_Y = F_M \tag{2-29}$$

$$(R_a + R_S)\Phi_1' + R_Y\Phi_Y = F_M \tag{2-30}$$

式中，R_{CGMM} 为 CGMM 磁阻；R_{CY} 为导磁环磁阻；R_Y 为磁轭磁阻（盘形磁轭与导磁筒等效磁阻）；R_a 为 CGMA 内部空气隙磁阻；R_S 为杆件磁阻。总磁动势 F_M 为驱动线圈电流作用下的磁动势，即

$$F_M = \frac{NI}{k_c} \tag{2-31}$$

求解式（2-28）~式（2-31），可得磁回路中的磁通量为

$$\Phi_Y = \frac{F_M}{R_Y + \dfrac{(R_{CY}+R_{CGMM})(R_a+R_S)}{R_{CY}+R_{CGMM}+R_a+R_S}} = \frac{\dfrac{NI}{k_c}}{R_Y + \dfrac{(R_{CY}+R_{CGMM})(R_a+R_S)}{R_{CY}+R_{CGMM}+R_a+R_S}} \tag{2-32}$$

$$\Phi_1' = \frac{R_{CY}+R_{CGMM}}{R_{CY}+R_{CGMM}+R_a+R_S}\Phi_Y = \frac{\dfrac{NI}{k_c}}{R_Y\left(1+\dfrac{R_a+R_S}{R_{CY}+R_{CGMM}}\right)+R_a+R_S} \tag{2-33}$$

$$\Phi_1 = \frac{R_{\mathrm{a}}+R_{\mathrm{S}}}{R_{\mathrm{CY}}+R_{\mathrm{CGMM}}+R_{\mathrm{a}}+R_{\mathrm{S}}}\Phi_{\mathrm{Y}} = \frac{\dfrac{NI}{k_{\mathrm{c}}}}{R_{\mathrm{Y}}\left(1+\dfrac{R_{\mathrm{CY}}+R_{\mathrm{CGMM}}}{R_{\mathrm{a}}+R_{\mathrm{S}}}\right)+R_{\mathrm{CY}}+R_{\mathrm{CGMM}}} \tag{2-34}$$

由式（2-32）可知，若磁动势一定的情况下，减小各部件磁阻值可增大回路总磁通量。为提高磁能向机械能转换的效率，应尽量提高 CGMM 两端的磁动势，即在材料尺寸一定的情况下，提高 CGMM 上磁通 Φ_{Y} 的大小。由式（2-22）计算磁阻为

$$\begin{cases} R_{\mathrm{Y}} = \dfrac{l_{\mathrm{Y}}}{\mu_{\mathrm{Y}}\mu_0 A_{\mathrm{Y}}}, \quad R_{\mathrm{CY}} = \dfrac{2l_{\mathrm{CY}}}{\mu_{\mathrm{Y}}\mu_0 \pi(r_{\mathrm{e}}^2-r_{\mathrm{i}}^2)} \\[4mm] R_{\mathrm{CGMM}} = \dfrac{l_{\mathrm{CGMM}}}{\mu_{\mathrm{CGMM}}\mu_0 \pi(r_{\mathrm{e}}^2-r_{\mathrm{i}}^2)}, \quad R_{\mathrm{a}} = \dfrac{l_{\mathrm{a}}}{\mu_0 \pi A_{\mathrm{a}}}, \quad R_{\mathrm{S}} = \dfrac{l_{\mathrm{S}}}{\mu_{\mathrm{S}}\mu_0 \pi r_{\mathrm{S}}^2} \end{cases} \tag{2-35}$$

式中，A_{a} 为空气隙的等效截面积；l_{Y}、μ_{Y}、A_{Y} 分别为磁轭的等效长度、相对磁导率和等效截面积；l_{CY}、l_{CGMM}、l_{a}、l_{S} 分别为导磁环、CGMM、空气隙、杆件的长度；μ_{CGMM} 和 μ_{S} 分别为 CGMM 和杆件的相对磁导率，导磁环与磁轭的磁导率相同；r_{e} 和 r_{i} 为导磁环及 CGMM 的外径和内径；r_{S} 为杆件的半径。

由式（2-34）和式（2-35）可得磁通 Φ_1，见式（2-36），其大小由磁路总磁动势和各部件磁阻决定，即

$$\Phi_1 = \frac{\dfrac{NI}{k_{\mathrm{c}}}}{\dfrac{l_{\mathrm{Y}}}{\mu_{\mathrm{Y}}\mu_0 A_{\mathrm{Y}}}\left[1+\dfrac{\dfrac{2l_{\mathrm{CY}}}{\mu_{\mathrm{Y}}\mu_0 \pi(r_{\mathrm{e}}^2-r_{\mathrm{i}}^2)}+\dfrac{l_{\mathrm{CGMM}}}{\mu_{\mathrm{CGMM}}\mu_0 \pi(r_{\mathrm{e}}^2-r_{\mathrm{i}}^2)}}{\dfrac{l_{\mathrm{a}}}{\mu_0 \pi A_{\mathrm{a}}}+\dfrac{l_{\mathrm{S}}}{\mu_{\mathrm{S}}\mu_0 \pi r_{\mathrm{S}}^2}}\right]+\dfrac{2l_{\mathrm{CY}}}{\mu_{\mathrm{Y}}\mu_0 \pi(r_{\mathrm{e}}^2-r_{\mathrm{i}}^2)}+\dfrac{l_{\mathrm{CGMM}}}{\mu_{\mathrm{CGMM}}\mu_0 \pi(r_{\mathrm{e}}^2-r_{\mathrm{i}}^2)}}$$

$$\tag{2-36}$$

固定磁动势（线圈安匝数及永磁体参数）和各部件的尺寸中，影响 CGMM 磁通量大小的因素主要包括：磁轭、导磁环的相对磁导率，磁导率越高，CGMM 的磁通量越大；磁轭与导磁环、导磁环与 CGMM、磁轭之间的气隙厚度，气隙越小磁路闭合性越好，漏磁越小，磁通量越大；丝杠杆件的相对磁导率，杆件相对磁导率越小，磁阻越大，式（2-36）中分母部分越小，CGMM 的磁通量越大。

综上可得，采用磁路的方法分析磁场大小，计算简单，能直观、快速得到 CGMA 设计参数、导磁材料等因素对磁场大小的影响。选用高导磁率材料作为磁

24

轭，减小接触气隙，增大导磁材料与丝杠杆件磁导率比值是提高能量转换效率的有效手段，也是结构设计的依据。另外，磁场均匀度也是影响材料输出性能的重要因素，考虑筒状材料的加工精度和应用场合对机械性能的要求，本书采用分段永磁偏置，选择驱动线圈偏置方式。

3）热影响与温控系统。磁致伸缩过程是一个多场耦合的复杂过程，温度是影响 CGMA 输出的重要因素。本书设计的 CGMA 用于滚珠丝杠副预紧，主要采用直流驱动，然而，驱动线圈产生的热会导致 CGMA 的温升。温度对 CGMA 输出的影响包括：

① 温升会引起超磁致伸缩材料热膨胀变形。圆筒形杆件热变形计算公式为

$$\Delta y = \frac{2l\alpha_{\mathrm{T}}}{r_{\mathrm{o}}^2 - r_{\mathrm{i}}^2}\int_{r_{\mathrm{i}}}^{r_{\mathrm{o}}}(T_2 - T_1)r\mathrm{d}r \tag{2-37}$$

式中，α_{T} 为热膨胀系数；r_{o}、r_{i} 分别为内径和外径；T_1、T_2 分别为热变形前后的温度。

② 温度变化影响超磁致伸缩系数。材料成分不同，饱和磁致伸缩系数最大值出现的温度范围不同。

③ 温度会使底座、输出杆等 CGMA 其他部件产生热变形。

参考生产厂家提供的资料，CGMM 的热膨胀系数为 $12\times10^{-6}/℃$，饱和磁致伸缩系数最大值出现在温度 40～50℃ 之间，对长度为 50mm 的 CGMM，温度每变化 10℃，其热变形量可达 $6\mu m$。因此，为抑制温升带来的热变形，使 CGMA 具有较好的输出特性，基于本文设计的 CGMA 的工作特点，采用油冷散热方式，温控结构如图 2-15 所示。CGMA 的温控结构主要由软管、进油口、出油口和冷却腔组成。为避免装配时干涉过多，提高冷却效率，将冷却腔进口和出口设计在同一区域，在进油口通过软管将冷却油输入至 CGMA 下端，如此，冷却油可以漫过线圈发热面后从出油口流出，从而保证冷却油的循环流通，将热量带出 CGMA。通过调整冷却油温度和流速，该 CGMA 可工作在 40～50℃ 范围内，其热变形较小，输出特性稳定，满足滚珠丝杠副预紧力调整需要。

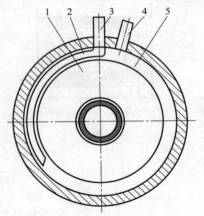

图 2-15　温控结构示意图

1—驱动线圈　2—软管　3—进油口　4—出油口　5—冷却腔

CGMA 温控系统的冷却效果由温控结构、冷却油油温、冷却油流速等多种因素决定，需对 CGMA 的传热模型深入分析，优化选择相关参数。CGMA 用于滚珠丝杠副预紧力调整，驱动线圈工作在直流或低频状态，因此其主要热源来自驱动线圈，CGMM 本身因涡流效应和磁滞效应产生的热量可忽略不计。滚珠丝杠预紧用 CGMA 为轴对称结构，为对 CGMA 的传热进行分析，忽略碟簧、输出杆、螺钉和其他小结构元件的影响，其轴向、径向传热结构如图 2-16 所示。驱动线圈释放的热量，大部分通过冷却腔中冷却油液带走，剩余的热量主要传导到空气中，因此，在油冷状态下 CGMA 的热传导主要有导热和对流两种方式。线圈作为热源主要有 4 个传热路径：路径一，通过线圈骨架、磁轭 1、底座传导到空气中；路径二，通过线圈骨架、磁轭 2 传导到空气中；路径三，通过线圈骨架、CGMM 和轴套传导到内部空气；路径四，通过冷却腔和外壳传导到外部空气中。

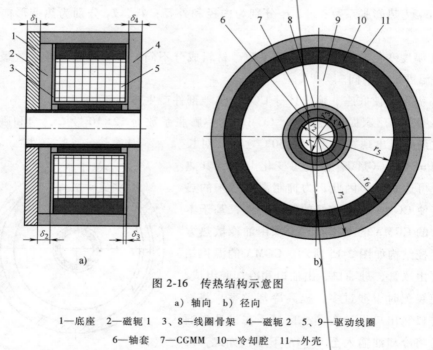

图 2-16 传热结构示意图

a）轴向 b）径向

1—底座 2—磁轭 1 3、8—线圈骨架 4—磁轭 2 5、9—驱动线圈

6—轴套 7—CGMM 10—冷却腔 11—外壳

为比较冷却效果，对在自然对流（冷却腔中无冷却油）和油冷（冷却腔中充满冷却油）两种方式下的稳态传热模型进行分析。基于傅里叶定律、牛顿冷却定律和等效热阻理论，CGMA 在稳态时，内部空气和外部空气连通温度相同，故 4 条热路分支为并联关系，如图 2-17 所示，图中，T 为温度；Φ_T 为热流量；R 为等效热阻。

当系统处于稳态传热时，通过各元件的热流量相同，根据电路中的基尔霍夫

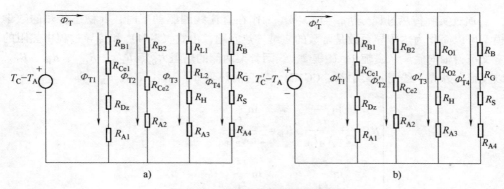

图 2-17　CGMA 的等效热路模型

a）自然对流　b）油冷

定律和"回路"分析法，在自然散热、油冷两种情况下，传热模型可由方程（2-38）~方程（2-42）表示。

$$\begin{cases} \Phi_T = \Phi_{T1} + \Phi_{T2} + \Phi_{T3} + \Phi_{T4} \\ \Phi'_T = \Phi'_{T1} + \Phi'_{T2} + \Phi'_{T3} + \Phi'_{T4} \end{cases} \tag{2-38}$$

$$\begin{cases} \Phi_{T1}(R_{B1} + R_{Ce1} + R_{Dz} + R_{A1}) - (T_C - T_A) = 0 \\ \Phi'_{T1}(R_{B1} + R_{Ce1} + R_{Dz} + R_{A1}) - (T'_C - T_A) = 0 \end{cases} \tag{2-39}$$

$$\begin{cases} \Phi_{T2}(R_{B2} + R_{Ce2} + R_{A2}) - (T_C - T_A) = 0 \\ \Phi'_{T2}(R_{B2} + R_{Ce2} + R_{A2}) - (T'_C - T_A) = 0 \end{cases} \tag{2-40}$$

$$\begin{cases} \Phi_{T3}(R_{L1} + R_{L2} + R_H + R_{A3}) - (T_C - T_A) = 0 \\ \Phi'_{T3}(R_{O1} + R_{O2} + R_H + R_{A3}) - (T'_C - T_A) = 0 \end{cases} \tag{2-41}$$

$$\begin{cases} \Phi_{T4}(R_B + R_G + R_S + R_{A4}) - (T_C - T_A) = 0 \\ \Phi'_{T4}(R_B + R_G + R_S + R_{A4}) - (T'_C - T_A) = 0 \end{cases} \tag{2-42}$$

对驱动电流为 I、电阻为 R 的线圈，稳态时线圈产生的热即为热传导过程中的热流量 Φ_T，自然对流、油冷方式下热流量相等可表述为

$$\Phi_T = \Phi'_T = I^2 R \tag{2-43}$$

CGMA 中固体元件之间导热的基本方程为傅里叶定律，由于其导热元件多为筒状，因此热传导方程采用柱面坐标系形式，导热微分方程如下所述。

$$\rho c \frac{\partial t}{\partial \tau} = \frac{1}{r} \frac{\partial}{\partial r} \left(\lambda r \frac{\partial t}{\partial r} \right) + \frac{1}{r^2} \frac{\partial}{\partial \varphi} \left(\lambda \frac{\partial t}{\partial \varphi} \right) + \frac{\partial}{\partial z} \left(\lambda \frac{\partial t}{\partial z} \right) + \Phi_h \tag{2-44}$$

式中，ρ 代表微元体的密度；c 代表比热容；Φ_h 代表单位体积内热源在单位时间内释放的热量，λ 代表导热系数。

通过实际传热过程分析，当 CGMA 工作在直流线圈驱动下时，其稳态传热的数学模型可以简化为热传导系数是常数的一维导热问题，由式（2-44）和传导过程中热阻的定义可得轴向底座、磁轭 1、磁轭 2、线圈骨架两侧的热阻 R_{Dz}、R_{Ce1}、R_{Ce2}、R_{B1}、R_{B2}，以及径向外壳、线圈骨架中部、CGMM、轴套的热阻 R_H、R_B、R_G、R_S，即

$$\begin{cases} R_H = \dfrac{\ln \dfrac{r_7}{r_6}}{2\pi\lambda_H l_H}, \ R_B = \dfrac{\ln \dfrac{r_4}{r_3}}{2\pi\lambda_B l_B} \\[4mm] R_G = \dfrac{\ln \dfrac{r_3}{r_2}}{2\pi\lambda_G l_G}, \ R_S = \dfrac{\ln \dfrac{r_2}{r_1}}{2\pi\lambda_S l_S} \\[4mm] R_{Dz} = \dfrac{\delta_1}{\lambda_{Dz}\pi(r_7^2 - r_2^2)}, \ R_{Ce1} = \dfrac{\delta_2}{\lambda_H\pi(r_6^2 - r_2^2)} \\[4mm] R_{B1} = R_{B2} = \dfrac{\delta_3}{\lambda_B\pi(r_6^2 - r_4^2)}, \ R_{Ce2} = \dfrac{\delta_4}{\lambda_H\pi(r_7^2 - r_2^2)} \end{cases} \quad (2\text{-}45)$$

式中，λ_H、λ_B、λ_G、λ_S 和 λ_{Dz} 分别为外壳、线圈骨架、CGMM、轴套和底座的导热系数；l_H、l_B、l_G 和 l_S 分别为外壳、线圈骨架、CGMM 和轴套的长度；δ_1、δ_2、δ_3 和 δ_4 分别为底座、磁轭 1、线圈骨架和磁轭 2 的厚度（图 2-16a）；$r_1 \sim r_7$ 分别为 CGMA 各部分的半径（图 2-16b）。

由前面分析可知，CGMA 的热传导过程主要考虑导热和对流，冷却油或空气流经筒壁时为对流，其计算依据为

$$\Phi_h = hA(T_S - T_B) \quad (2\text{-}46)$$

式中，h 为表面传热系数；T_S 为固体的表面温度；T_B 为流体的平均温度；A 为固体与流体接触面积。

在热传导过程中，由式（2-46）及热阻定义可得

$$\begin{cases} R_{A1} = \dfrac{1}{\pi(r_7^2 - r_2^2)h_{A1}}, \ R_{A2} = \dfrac{1}{\pi(r_7^2 - r_2^2)h_{A2}} \\[4mm] R_{A3} = \dfrac{1}{2\pi r_7 l_H h_{A3}}, \ R_{A4} = \dfrac{1}{2\pi r_1 l_S h_{A4}} \\[4mm] R_{L1} = \dfrac{1}{2\pi r_5 l_B h_A}, \ R_{L2} = \dfrac{1}{2\pi r_6 l_B h_A} \\[4mm] R_{O1} = \dfrac{1}{2\pi r_5 l_B h_O}, \ R_{O2} = \dfrac{1}{2\pi r_6 l_B h_O} \end{cases} \quad (2\text{-}47)$$

式中，R_{A1}、R_{A2}、R_{A3}、R_{A4} 分别为 CGMA 底座与环境空气、端盖与环境空气、外

壳与环境空气、轴套与环境空气之间的对流热阻；R_{L1} 和 R_{L2} 为驱动线圈与外周空气、外壳与内周空气的对流热阻；R_{O1} 和 R_{O2} 为驱动线圈与外周冷却油、外壳与内部冷却油的对流热阻；h_A 为空气处于自然对流时的换热系数；h_O 为油冷表面传热系数。

结合式（2-45）~式（2-47），各分支热路的等效热阻 R_1、R_2、R_3、R_3'、R_4 分别为

$$
\begin{cases}
R_1 = R_{B1} + R_{Ce1} + R_{Dz} + R_{A1} = \dfrac{\delta_3}{\lambda_B \pi (r_6^2 - r_4^2)} + \dfrac{\delta_2}{\lambda_H \pi (r_6^2 - r_2^2)} + \dfrac{\delta_1}{\lambda_{Dz} \pi (r_7^2 - r_2^2)} + \dfrac{1}{\pi (r_7^2 - r_2^2) h_{A1}} \\[3mm]
R_2 = R_{B2} + R_{Ce2} + R_{A2} = \dfrac{\delta_3}{\lambda_B \pi (r_6^2 - r_4^2)} + \dfrac{\delta_4}{\lambda_H \pi (r_6^2 - r_2^2)} + \dfrac{1}{\pi (r_7^2 - r_2^2) h_{A2}} \\[3mm]
R_3 = R_{L1} + R_{L2} + R_H + R_{A3} = \dfrac{1}{2\pi r_5 l_B h_A} + \dfrac{1}{2\pi r_6 l_B h_A} + \dfrac{\ln \dfrac{r_7}{r_6}}{2\pi \lambda_H l_H} + \dfrac{1}{2\pi r_7 l_H h_{A3}} \\[5mm]
R_3' = R_{O1} + R_{O2} + R_H + R_{A3} = \dfrac{1}{2\pi r_5 l_B h_O} + \dfrac{1}{2\pi r_6 l_B h_O} + \dfrac{\ln \dfrac{r_7}{r_6}}{2\pi \lambda_H l_H} + \dfrac{1}{2\pi r_7 l_H h_{A3}} \\[5mm]
R_4 = R_B + R_G + R_S + R_{A4} = \dfrac{\ln \dfrac{r_4}{r_3}}{2\pi \lambda_B l_B} + \dfrac{\ln \dfrac{r_3}{r_2}}{2\pi \lambda_G l_G} + \dfrac{\ln \dfrac{r_2}{r_1}}{2\pi \lambda_S l_S} + \dfrac{1}{2\pi r_1 l_S h_{A4}}
\end{cases}
$$

$$(2\text{-}48)$$

由式（2-38）~式（2-43）和式（2-48）可求得稳态时自然对流与油冷方式下线圈温度 T_C、T_C' 为

$$
\begin{cases}
T_C = \dfrac{I^2 R}{\dfrac{1}{R_1} + \dfrac{1}{R_2} + \dfrac{1}{R_3} + \dfrac{1}{R_4}} + T_A \\[5mm]
T_C' = \dfrac{I^2 R}{\dfrac{1}{R_1} + \dfrac{1}{R_2} + \dfrac{1}{R_3'} + \dfrac{1}{R_4}} + T_A
\end{cases}
$$

$$(2\text{-}49)$$

又根据电路中的欧姆定律可得

$$
\begin{cases}
T_C - T_G = \Phi_4 (R_B + R_G) \\
T_C' - T_G' = \Phi_4' (R_B + R_G)
\end{cases}
$$

$$(2\text{-}50)$$

由式（2-38）~式（2-43）、式（2-48）和式（2-50）可求得在两种冷却方式下

CGMM 的温度 T_G、T_G' 分别为

$$\begin{cases} T_G = \dfrac{I^2 R (R_S + R_{A4})}{\left(\dfrac{1}{R_1} + \dfrac{1}{R_2} + \dfrac{1}{R_3} + \dfrac{1}{R_4} \right) R_4} + T_A \\[4mm] T_G' = \dfrac{I^2 \dot{R} (R_S + R_{A4})}{\left(\dfrac{1}{R_1} + \dfrac{1}{R_2} + \dfrac{1}{R_3'} + \dfrac{1}{R_4} \right) R_4} + T_A \end{cases} \tag{2-51}$$

结合式（2-48）、式（2-49）、式（2-51）可知，稳态时线圈及 CGMM 的温度主要由 CGMA 各组成元件的材料、尺寸以及空气或冷却油的表面传热系数决定。考虑到 CGMA 各元件材料、尺寸已根据 CGMA 预紧时输出力大小对磁场的要求优化确定，因此，由温控结构的热路模型可知，系统的冷却效果主要由表面传热系数决定，又因油冷的表面传热系数大于自然对流或风冷的表面传热系数，所以选择油冷散热是可行的。各散热面与环境空气的自然对流换热系数及冷却油的强制表面传热系数 h 计算公式为

$$h = \frac{Nu\lambda}{l} \tag{2-52}$$

式中，Nu 为努赛尔数；l 为特征长度。

外壳或内部轴套与外界空气间的热传导为大空间自然对流换热，属于表面为横圆柱情况，努赛尔数的实验关联式为

$$Nu_A = 0.48 (GrPr)^{\frac{1}{4}} \tag{2-53}$$

式中，Pr 为普朗特数，可查手册获得；Gr 为格拉晓夫数，计算公式为

$$Gr = \frac{g(T - T_A)(2r)^3}{T_F \nu_A^2} \tag{2-54}$$

式中，g 为重力加速度；r 为外壳或轴套半径；ν_A 为空气的运动黏度；T_F 为外壳或轴套的温度 T 和空气温度 T_A 之和的一半。

由式（2-52）~式（2-54）可得外壳或轴套与空气之间的表面传热系数 h_A 为

$$h_A = \frac{Nu_A \lambda_A}{2r} = \frac{0.24 \lambda_A}{r} \frac{Pr^{\frac{1}{4}} g^{\frac{1}{4}} (T - T_A)^{\frac{1}{4}} (2r)^{\frac{3}{4}}}{T_F^{\frac{1}{4}} \nu_A^{\frac{1}{2}}} \tag{2-55}$$

由式（2-55）可知，在环境温度一定时，结构尺寸决定自然对流的表面传热系数大小，CGMA 的温控结构尺寸已确定，故冷却油的表面传热系数是决定冷却效果的主要参数。

冷却腔壁与冷却油间的热传导为强制对流，其表面传热系数也需根据式（2-52）计算，要确定努塞尔系数，首先由式（2-56）根据流速计算雷诺数，判断冷却油的流动形式，即

$$Re = \frac{Vl}{\nu} = \frac{q_\nu l}{A\nu} = \frac{\pi q_\nu (r_6+r_5)}{\pi (r_6^2-r_5^2) \nu} = \frac{q_\nu}{(r_6-r_5)\nu} \tag{2-56}$$

式中，V 为流速；ν 为冷却油的运动黏度；q_ν 为单位时间内的体积流量；A 为冷却腔的横截面积，Re 为雷诺数。

根据雷诺数的估算值可选择努塞尔数的表达式为

$$Nu_O = 0.332 Re^{\frac{1}{2}} Pr^{\frac{1}{3}} \tag{2-57}$$

结合式（2-52）与式（2-57）可得冷却油与冷却腔壁之间的表面传热系数 h_O 为

$$h_O = \frac{Nu_O \lambda_O}{l} = \frac{0.332 Re^{\frac{1}{2}} Pr^{\frac{1}{3}} \lambda_O}{\pi(r_6+r_5)} = \frac{0.332 q_\nu^{\frac{1}{2}} Pr^{\frac{1}{3}} \lambda_O}{\pi(r_6+r_5)(r_6-r_5)^{\frac{1}{2}} \nu^{\frac{1}{2}}} \tag{2-58}$$

由式（2-58）可知，当冷却油的物性参数一定，其流速决定表面传热系数大小，即决定温控系统的冷却效果。

CGMM 是 CGMA 轴向输出的核心组成部分，由于温升引起的变形输出是热位移误差的主要因素，因此，分析 CGMM 的热位移误差模型对实现 CGMA 热位移控制十分必要。

根据上述传热模型分析可得 CGMM 稳态温度模型见式（2-51），当初始温度为 T_1 时，由式（2-37）和（2-51）可求得 CGMM 在自然对流、油冷方式下的热位移分别为

$$\begin{cases} y_G = \dfrac{I^2 R(R_S+R_{A4}) l_G \alpha}{\left(\dfrac{1}{R_1}+\dfrac{1}{R_2}+\dfrac{1}{R_3}+\dfrac{1}{R_4}\right)R_4} + (T_G-T_1) l_G \alpha \\[4mm] y'_G = \dfrac{I^2 R(R_S+R_{A4}) l_G \alpha}{\left(\dfrac{1}{R_1}+\dfrac{1}{R_2}+\dfrac{1}{R'_3}+\dfrac{1}{R_4}\right)R_4} + (T_G-T_1) l_G \alpha \end{cases} \tag{2-59}$$

综上可得，采用磁路分析法获得的热路模型可以快速简单地计算出 CGMA 驱动线圈与 CGMM 的温度模型，进而获得 CGMM 的热位移模型，为确定 CGMA 温控系统冷却效果的影响因素，定性分析各因素对温度的影响规律提供理论依据。

2.2.2　超磁致伸缩预紧系统结构设计

1. 棒状 GMA 预紧系统结构设计

（1）附加铰链-杠杆机构的单个棒状 GMM 预紧结构　附加铰链-杠杆机构的单个棒状 GMM 预紧结构，如图 2-18 所示。

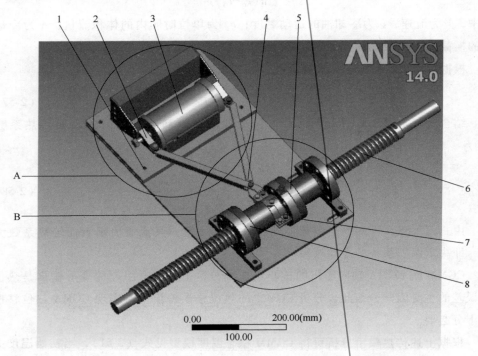

图 2-18　附加铰链-杠杆机构的单个棒状 GMM 预紧结构

1—底板　2—侧板　3—超磁致伸缩结构　4—圆柱销　5—右螺母　6—丝杠　7—力传感器　8—左螺母

图 2-18 中 A、B 的局部放大图如图 2-19 所示。

圆柱形超磁致伸缩结构如图 2-19a 所示，由其构成的双螺母滚珠丝杠预紧结构如图 2-19b 所示，通过铰链-杠杆系将超磁致伸缩结构的输出力传递到两个螺母之间。

（2）多个分立式棒状 GMM 构成的预紧结构　三个分立式棒状 GMM 构成的滚珠丝杠预紧结构，如图 2-20 所示。

该滚珠丝杠副的两个丝杠螺母之间联接有沿周向均匀分布的由棒状 GMM 构成的超磁致伸缩结构，每个棒状 GMM 构成的超磁致伸缩结构可以看作整个滚珠丝杠预紧结构的子结构，其局部剖视图如图 2-21 所示。

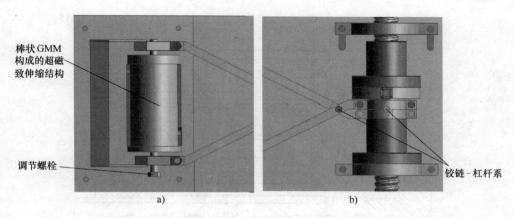

棒状 GMM 构成的超磁致伸缩结构

调节螺栓

铰链－杠杆系

a)   b)

图 2-19　图 2-18 中 A、B 的局部放大图

a）A 的局部放大图　b）B 的局部放大图

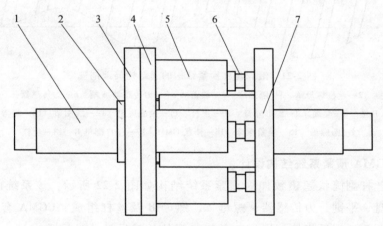

图 2-20　三个分立式棒状 GMM 构成的滚珠丝杠预紧结构

1—丝杠　2—丝杠螺母 A　3—锁紧螺母　4—圆螺母　5—棒状超磁致伸缩结构

6—力传感器　7—丝杠螺母 B

　　在超磁致伸缩结构的顶杆端设计施加一测力传感器。通过圆螺母的旋转设定初始预紧力，调好初始预紧力后通过锁紧螺母锁紧。分别与丝杠螺母联接的各个子结构及力传感器，形成一个整体预紧结构。

　　由棒状 GMM 构成的超磁致伸缩结构中，端盖 A、套筒、端盖 B 和棒状 GMM构成闭合磁路。驱动磁场由励磁绕阻产生。驱动电流由数控稳流恒流源提供。通过调节可控恒流源输入到励磁绕阻的电流值，进而调节驱动磁场，驱动磁场又使得 GMM 产生伸缩，从而对两个丝杠螺母之间的预紧力进行调控。

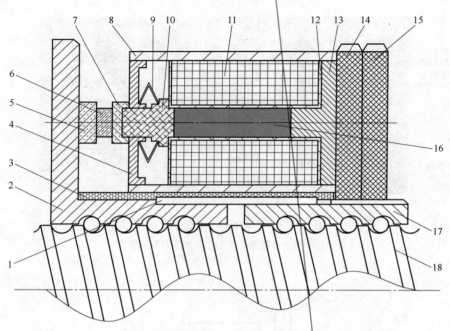

图 2-21　滚珠丝杠预紧结构的子结构局部剖视图

1—平键　2—丝杠螺母 A　3—隔热层　4—端盖 A　5—力传感器 A 端　6—力传

感器 B 端　8—套筒　9—碟形弹簧　10—顶杆　11—励磁绕阻　12—线圈架　13—端盖 B

14—圆螺母　15—锁紧螺母　16—棒状 GMM　17—丝杠螺母 B　18—丝杠

2. CGMA 预紧系统结构设计

滚珠丝杠副筒状超磁致伸缩预紧系统结构如图 2-22 所示，该系统由 CGMA、预紧连接盘、平键、力传感器、螺母 A、螺母 B 及丝杠组成。CGMA 套在丝杠杆上，并与两侧的螺母相接，螺母与丝杠之间的相对运动通过滚珠在滚道中运动实现。滚珠丝杠副初始状态预紧力根据负载情况，参照垫片预紧原理设定，该力通过预加载实现。系统装配完毕后手动调整双螺母的相对角度，并用平键、预紧连

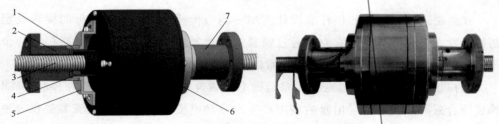

图 2-22　滚珠丝杠副筒状超磁致伸缩预紧系统结构示意图

1—平键　2—螺母 A　3—丝杠　4—力传感器　5—预紧连接盘　6—CGMA　7—螺母 B

34

接盘和 CGMA 固定，实现初始预紧力在一定范围内任意施加，此时 CGMA 处于非工作状态；当外部负载发生变化或因工作磨损出现轴向间隙时，在 CGMA 的线圈中施加驱动电流，通过其输出位移或输出力的变化调整预紧力，由力传感器检测反馈预紧力大小，组成闭环系统，通过控制电流变化调整滚珠丝杠副处于最佳预紧状态。筒状超磁致伸缩自动预紧系统利用 CGMA 直接调整螺母丝杠副的预紧力，取代了棒状预紧系统中的传递结构，预紧系统明显简化，并且通过传感器实时检测输出力，保证 CGMA 快速反应。

2.3 超磁致伸缩结构的磁路优化分析

2.3.1 超磁致伸缩结构中电磁场的近似计算

超磁致伸缩结构中，作用于材料的磁场强度或磁感应强度决定了磁致伸缩量。为方便计算，近似认为每一段磁路中各点处磁感应强度处处相等。在此以棒状 GMM 为例进行计算。磁路结构及等效磁路模型如图 2-23 所示。其中，棒状 GMM 的磁阻为 R_1；轭铁 a 的磁阻为 R_2；轭铁 b 的磁阻为 R_3。

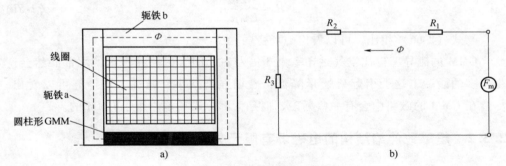

图 2-23 磁路结构与等效磁路模型

a）磁路结构 b）等效磁路模型

磁动势 F_m 与磁通量 Φ 之比为磁阻 R，即

$$R = \frac{F_\mathrm{m}}{\Phi} \tag{2-60}$$

磁阻 R 可由磁路长度 L、横截面积 A 和磁导率 μ 计算得到，即

$$R = \frac{L}{\mu A} \tag{2-61}$$

相应的磁通为

$$\Phi = BA \tag{2-62}$$

式中，B 为磁通密度。

对于长度为 L、匝数为 N、电流为 I 的线圈，磁动势 F_m 与磁场强度 H 的关系式为

$$F_m = HL = NI \tag{2-63}$$

设 R 为总磁阻，则 $R = R_1 + R_2 + R_3$，通过 R_1 的磁动势 F_{m1} 为

$$F_{m1} = R_1 \Phi = \frac{F_m R_1}{R} \tag{2-64}$$

因为 $F_m = NI$，$F_{m1} = H_1 L_1$，所以 GMM 中的磁场为

$$H_1 = \frac{NI}{A_1 \mu_1 (L_1/A_1\mu_1 + L_2/A_2\mu_2 + L_3/A_3\mu_3)} \tag{2-65}$$

与 GMM 的磁导率 μ_1 相比，如果轭铁 a 的磁导率较大 μ_2，轭铁 b 的磁导率 μ_3 也较大，则 H_1 可近似为

$$H_1 = \frac{NI}{L_1} \tag{2-66}$$

即整个磁动势产生的磁场均通过 GMM。

如果轭铁取消，GMM 中的磁通通过空气形成闭合回路，则 H_1 可近似为

$$H_1 = \frac{NIA\mu}{LA_1\mu_1} \tag{2-67}$$

与式（2-66）相比，可以看出磁场变弱。

GMM 的磁导率仅比空气磁导率大 5 倍左右，闭合磁路在轭铁的端部必然会产生较多的漏磁，这会引起磁通量降低，磁场强度减小。通过上述计算可以看出，尽管在 GMM 的磁路中会有一些漏磁，但是大部分磁场是作用于 GMM 的。

2.3.2 超磁致伸缩结构的电磁场有限元分析

在一定磁场强度作用下，GMM 内部的磁感应强度是衡量 GMM 性能的一个重要指标，可用有限元分析法来计算。

设置棒状 GMM 超磁致伸缩结构计算条件如下：棒状 GMM 直径 10mm，线圈内半径 9.219mm、外半径 31.719mm，长度 79mm，磁场强度 34.4kA/m，安匝数 3074A。

设置 CGMM 超磁致伸缩结构计算条件如下：CGMM 内径 30mm、外径 40mm、长度 50mm，线圈内半径 23.219mm、外半径 45.719mm、长度 79mm，磁场强度 34.4kA/m，安匝数 3600A。

图 2-24 和图 2-25 分别为棒状 GMM 和 CGMM 在磁场强度 34.4kA/m 下的磁感应强度分布图。

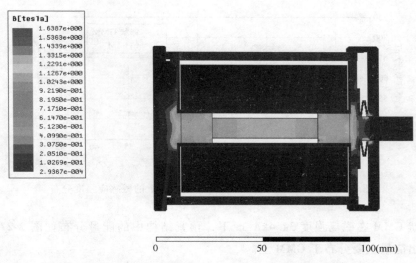

图 2-24　棒状 GMM 在磁场强度 34.4kA/m 下的磁感应强度分布图

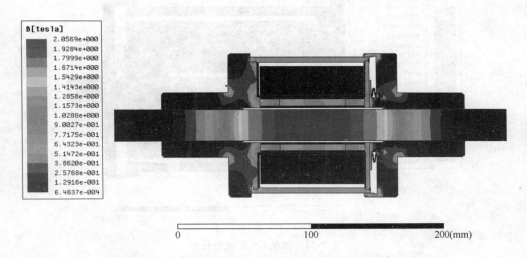

图 2-25　CGMM 在磁场强度 34.4kA/m 下的磁感应强度分布图

在磁场强度 34.4kA/m 下，棒状 GMM 和 CGMM 的几何中心线上的磁感应强度分布，如图 2-26 所示。

从图 2-24~图 2-26 可以看出，与近似计算相比，有限元分析的方法更精确地表明：在 GMM 构成的磁路中由于存在漏磁、边缘效应等原因，同一段磁路中各点的磁感应强度相差较大。在同一磁场强度下，棒状 GMM 比 CGMM 中的磁感应强度分布更均匀一些。

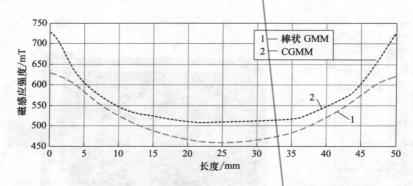

图 2-26 棒状 GMM 和 CGMM 几何中心线上的磁感应强度分布

棒状 GMM 在磁场强度 34.4kA/m 下，预紧结构中的能量分布如图 2-27 所示，可以看出能量主要分布于 GMM 上。

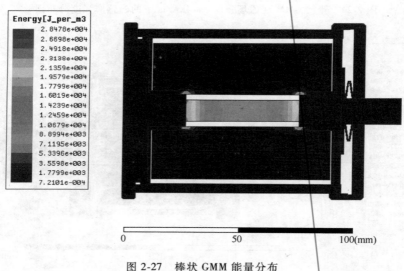

图 2-27 棒状 GMM 能量分布

CGMM 在磁场强度 34.4kA/m 下，预紧结构中的能量分布如图 2-28 所示，能量主要分布于 GMM 和丝杠上。若丝杠所消耗的能量过多，则会引起丝杠的热变形。

在磁场强度 34.4kA/m 下，棒状 GMM 和 CGMM 的几何中心线上的能量分布，如图 2-29 所示。

从图 2-27~图 2-29 可以看出，在相同磁场强度下，棒状 GMM 比 CGMM 中的能量分布更均匀。

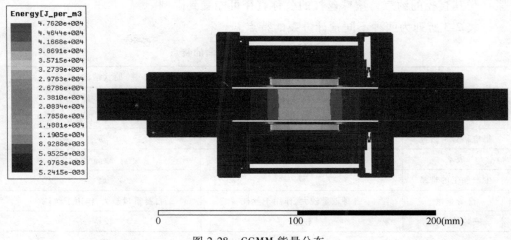

图 2-28　CGMM 能量分布

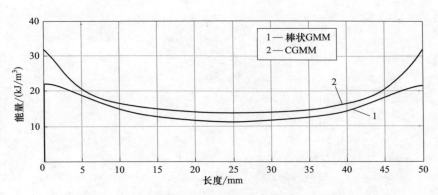

图 2-29　棒状 GMM 和 CGMM 几何中心线上的能量分布

2.4　两种预紧结构特点分析

棒状 GMM 生产和加工都比较容易，实际使用时多采用分立式结构。多个分立式棒状 GMM 构成的预紧结构复杂，自身重量较大，作用于丝杠会使丝杠产生变形，影响滚珠丝杠的刚度。多个分立式磁致伸缩结构同时工作时还需要考虑它们各自的机电耦合性能的一致性。

GMM 生产成本较高，且属于难加工材料，要将 GMM 加工成规则的筒状，加工成本较高。此外，对应于直径较大的滚珠丝杠，则需要较大直径的 GMM，根据现在的生产能力，CGMM 的最大直径可以达到 70mm。因此，若使用 CGMM 进行预紧，受其直径的约束，滚珠丝杠的公称直径可能受到限制。

表 2-3 所列为两种不同预计方案的特点。

表 2-3　两种不同预紧方案的特点

特点	多个分立式棒状结构	筒状结构
电磁耦合	均匀度高	较均匀
能量分布	主要分布于 GMM 上,对丝杠热影响较小	容易分布于丝杠上,导致丝杠热变形
机电耦合一致性	难	易
成本	高	较高
生产加工的难易	易	难
自身重量	自身重量较大,作用于丝杠	自身重量较大,作用于丝杠
安装的难易	较难	较易

第**3**章
超磁致伸缩预紧系统多场仿真分析

3.1 超磁致伸缩预紧系统结构静力学分析

3.1.1 铰链-杠杆机构多体静力学分析

铰链-杠杆机构是一种力传递机构,这种机构利用杠杆原理使杠杆系通过固定铰链和活动铰链来实现力的传递,如图 3-1 所示。图中,铰链-杠杆 A 的力臂分别为 l_1 和 l_2,铰链-杠杆 B 的力臂等长。

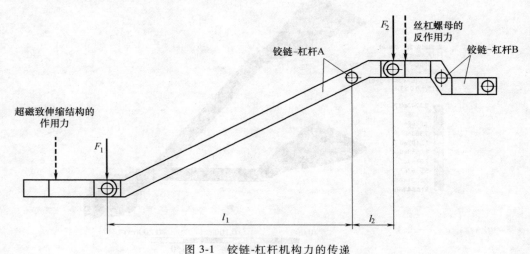

图 3-1 铰链-杠杆机构力的传递

GMM 构成的超磁致伸缩结构在电磁耦合驱动下输出力 F_1 时,铰链-杠杆 A 将超磁致伸缩结构的输出力 F_1 传递给铰链-杠杆 B。通过铰链-杠杆 B,在滚珠丝杠副的两个螺母之间就产生了大小为 F_2 的预紧力。通过铰链-杠杆 A 和铰链-杠杆 B 可以实现两个螺母之间产生的预紧力与丝杠轴线平行。

图 3-1 中，$l_1 = 204.6\text{mm}$，$l_2 = 33.95\text{mm}$。根据力矩平衡原理，GMM 构成的超磁致伸缩结构的输出力经过这一机构后放大为原来的 6 倍左右。

设计 GMM 构成的超磁致伸缩结构在实际工作时的输出力不大于 1100N。

铰链-杠杆机构的整体刚度必须达到一定要求，以保证超磁致伸缩材料能够输出微应变到两个螺母之间。为计算附加铰链-杠杆的超磁致伸缩预紧结构的应力与应变，采用 ANSYS Workbench 对其进行多体静力学分析。

设置条件为：GMM 构成的超磁致伸缩结构的输出力为实际工作最大输出力的 2 倍，即 2200N。铰链-杠杆的材料均为 45 钢。

其等效应力、等效弹性应变及总变形分析分别如图 3-2 所示。

由图 3-2 可以看出，在超磁致伸缩结构与铰链-杠杆 A 的销连接处产生的应力及变形较大，由于超磁致伸缩结构的输出力及输出应变受到其本身性能的限制，需要计算铰链-杠杆机构是否能够与超磁致伸缩结构的输出性能相适应。

铰链-杠杆机构中的等效应力结果如图 3-3 所示。等效应力分析结果表明，结构中的应力范围为 $9.1334 \times 10^{-4} \sim 237.45\text{MPa}$，远小于 45 钢抗拉强度（约 600MPa），满足本结构许用应力要求。

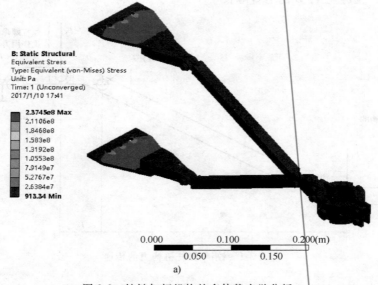

图 3-2　铰链杠杆机构的多体静力学分析

a）等效应力

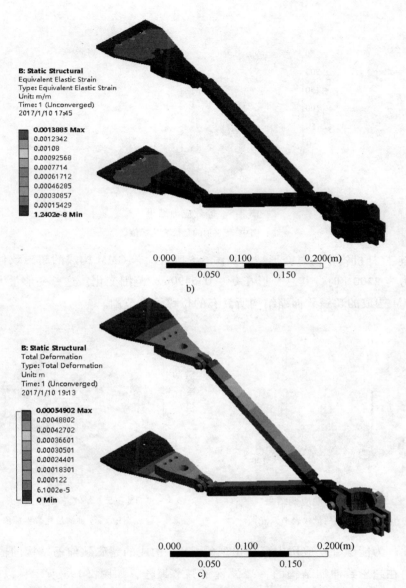

图 3-2 铰链杠杆机构的多体静力学分析（续）

b）等效弹性应变 c）总变形

铰链-杠杆机构中的等效弹性应变结果如图 3-4 所示。铰链-杠杆机构中的等效应弹性应变范围 $1.2402\times10^{-8} \sim 1.4\times10^{-3}$，由于 GMM 的磁致伸缩应变约为 10^{-3} 左右，因此，输出力为 2200N 时，铰链-杠杆机构弹性应变范围大于 GMM 的磁致伸缩应变。

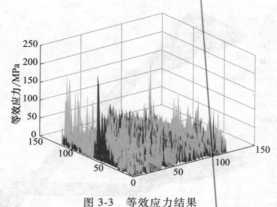

图 3-3　等效应力结果

注：图中 x、y 轴的量代表坐标值。

铰链-杠杆机构中的总变形结果如图 3-5 所示。若 GMM 构成的超磁致伸缩结构的输出力为 2200N 时，其总变形在 0 ~ 0.5490mm 范围变化。这一变形量大于所设计的 GMM 构成的超磁致伸缩结构所具有的位移输出范围。

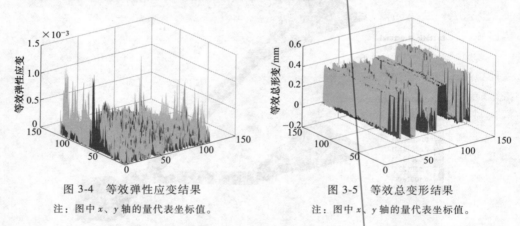

图 3-4　等效弹性应变结果　　　　　　图 3-5　等效总变形结果

注：图中 x、y 轴的量代表坐标值。　　注：图中 x、y 轴的量代表坐标值。

因此，为能够补偿应用中可能出现的 GMM 构成的超磁致伸缩结构的输出位移及应变，在超磁致伸缩结构的一端设置了调节螺栓，如图 2-19a 所示，以使铰链-杠杆机构的应变与变形能够输出，从而使得超磁致伸缩结构的输出力能够通过铰链-杠杆机构传递到丝杠螺母之间。

3.1.2　CGMA 结构静力学分析

因具有较大的阻塞输出力，CGMA 被用于完成滚珠丝杠副预紧力的动态调整。CGMA 原型样机如图 3-6 所示。

a)　　　　　　　　　　　　　　　　　b)

图 3-6　CGMA 原型样机

a）CGMA　b）滚珠丝杠副自动预紧系统

由图 3-6 可知，CGMA 输出力经力传感器、底座、导磁环及输出杆传递到双螺母滚珠丝杠副上，而 CGMA 为微位移输出机构，且力传递单元不是刚体，在力的作用下会产生变形造成位移损失，因此在预紧力调整过程中需保证 CGMA 的最大输出位移大于最大预紧力下的变形损失量，否则无法实现预紧功能。假定预紧力调整时只存在弹性变形且调整频率低，以上变形分析就可以简化为结构静力学分析。为直观的考察预紧结构设计的可行性，设计中利用 ANSYS 有限元仿真计算对传递单元的轴向总变形量进行分析。

参考图 3-6 建立几何模型，力传感器、底座和输出杆的材料设定为 45 钢，导磁环材料为铁。选择两个端面施加固定约束。以 2504 系列滚珠丝杠为预紧研究对象，CGMA 产生的最大预紧力应大于 6000N，选择 7000N 为加载力，沿轴向分别施加在两个导磁环上，分析结果如图 3-7 所示。

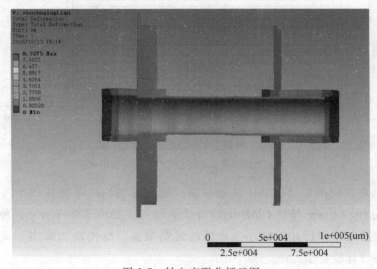

图 3-7　轴向变形分析云图

45

由图 3-7 可知，两侧传递单元的总轴向变形约为 14μm，小于长度为 50mm 的 CGMM 最大输出位移 50μm。由此可见，筒状超磁致伸缩自动预紧系统可利用 CGMA 实现预紧力的输出与调整。

3.2 超磁致伸缩预紧系统的磁场研究

3.2.1 棒状超磁致伸缩预紧系统磁场研究

1. 驱动方式研究

棒状 GMM 在 10MPa 预压力和磁场强度 80kA/m 时的磁致伸缩系数 $\lambda \geqslant 1000 \times 10^{-6}$，在磁场强度 $H \leqslant 80kA/m$ 时具有较好的线性度。根据这样的特性，适当施加偏置磁场，可以减小磁致伸缩材料动态响应的不灵敏区，使其应变的线性特性更好，获得较大的动态磁致伸缩系数和较高的机电耦合系数，以提高材料的磁致伸缩性能及线性度。

（1）GMM 所需的驱动磁场和偏置磁场均由线圈产生（电磁式驱动方式） $\phi10\times15mm$ 棒状 GMM 的电磁式驱动方式，如图 3-8 所示。这种驱动方式的优点是可以通过调节驱动电流来调节磁场的大小；缺点是体积相对较大，线圈发热比较严重。

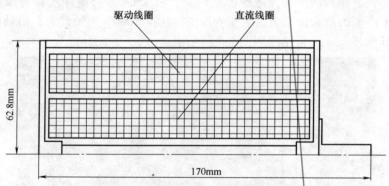

图 3-8 棒状 GMM 的电磁式驱动方式

注：直流线圈提供安匝数为 600A，磁轭采用钢材

（2）材料所需的驱动磁场由线圈提供，偏置磁场均由永磁铁产生（组合式驱动方式） $\phi10\times120mm$ 棒状 GMM 的组合式驱动方式如图 3-9 所示。这种驱动方式的优点是线圈的体积可相对缩小，线圈的发热减少，结构较为紧凑；缺点是成本较高，磁路设计较复杂。

上述偏置磁场下，驱动线圈磁场均为 $4A/mm^2$，分别计算 $\phi10\times120mm$ 棒状

GMM 内几何中心线的磁感应强度，如图 3-10 所示。

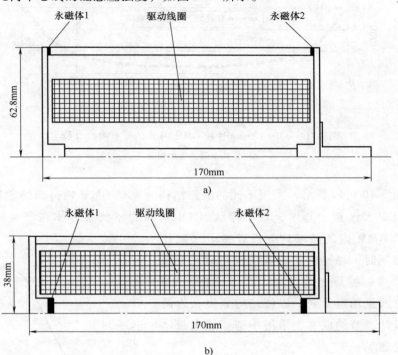

a)

b)

图 3-9　棒状 GMM 的组合式驱动方式

a）永磁体（内径 ϕ58.78mm、外径 ϕ62.8mm、厚度 0.54mm×2、材料 NdFeB）在磁轭两侧

b）永磁体（直径 ϕ15mm、厚度 0.28mm×2、材料 NdFeB）在棒状 GMM 两侧

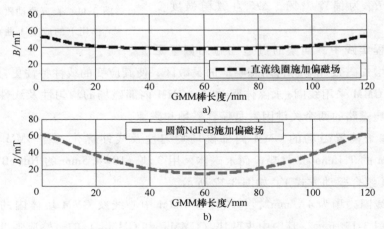

a)

b)

图 3-10　ϕ10×120mm 棒状 GMM 内 B 的分布曲线

a）直流线圈施加偏磁场　b）筒状永磁体施加偏磁场

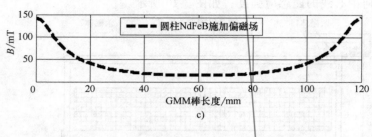

图 3-10　φ10×120mm 棒状 GMM 内 B 的分布曲线（续）

c）棒状永磁体施加偏磁场

　　从图 3-10 可以看出，采用不同的磁路结构，棒状 GMM 内得到的磁场强度及均匀度有很大区别。其中，置于棒状 GMM 两侧的棒状永磁体在产生偏置磁场时，棒状 GMM 内的磁场均匀性较差。永磁体施加偏磁场时，磁路中的非线性较电磁式施加偏磁场严重。鉴于上述分析，本书中的 GMM 的驱动方式采用组合式，以使结构紧凑，为简化磁路设计，节约成本，采用小型棒状永磁体产生偏置磁场。

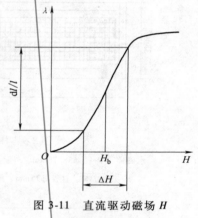

图 3-11　直流驱动磁场 H
作用下的应变 λ 曲线

　　（3）棒状超磁致伸缩预紧系统驱动方式优化　通常棒状 GMM 在直流驱动磁场 H 作用下的应变 λ 曲线如图 3-11 所示。图 3-11 中，$\mathrm{d}l/l$ 为应变，H_b 为偏置磁场，ΔH 为磁场强度变化量。

　　在工程实践中，期望通过适当施加偏置磁场的方式增加磁致伸缩材料动态响应的灵敏区，使其应变的线性特性更好。

　　棒状 GMM 采用线圈+永磁体驱动时，GMM 内部磁场的均匀性及线性与磁路有关，而影响磁路的两个关键因素是偏置磁场和磁轭。

　　1）基于偏置磁场的 GMM 内部磁场均匀性及线性优化。若 GMM 采用 8 块 φ10×15mm 的 Terfenol-D 材料，而永磁体采用 3 块 φ10×4.5mm 的 NdFeB 材料，构成的 GMM 组合驱动方式 1，如图 3-12 所示。

　　驱动线圈磁场为 4A/mm²，每块棒状 GMM 中心线及 GMM 块体内的磁感应强度云图如图 3-13 所示，其中中央两块（GMM_左 和 GMM_右）的磁感应强度分布曲线如图 3-14 所示。

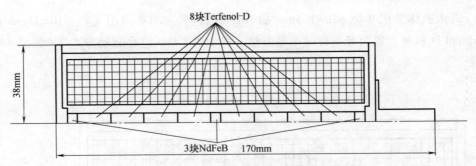

图 3-12　GMM 组合驱动方式 1

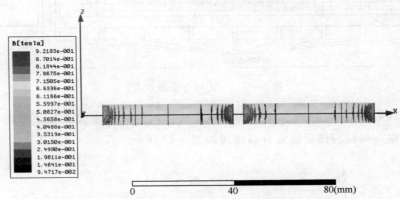

图 3-13　左右各四块 GMM 块体内的磁感应强度云图

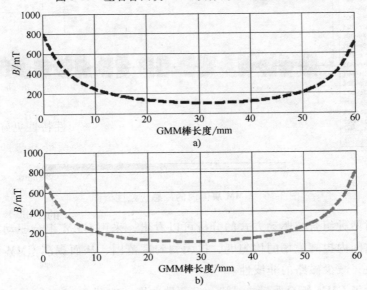

图 3-14　中央两块的磁感应强度分布曲线

a）GMM$_左$　b）GMM$_右$

若永磁体采用 9 块 $\phi 10 \times 1.5$mm 的 NdFeB 材料，GMM 采用 8 块 $\phi 10 \times 15$mm 的 Terfenol-D 材料，以两者交替排布的方法，构成的 GMM 组合驱动方式 2，如图 3-15 所示。

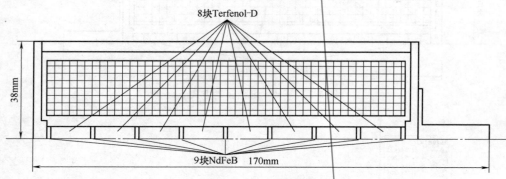

图 3-15　GMM 组合驱动方式 2

驱动线圈磁场为 4A/mm^2，每块 GMM 块体内的磁感应强度云图如图 3-16 所示，其中中央两块的磁通密度分布曲线如图 3-17 所示。

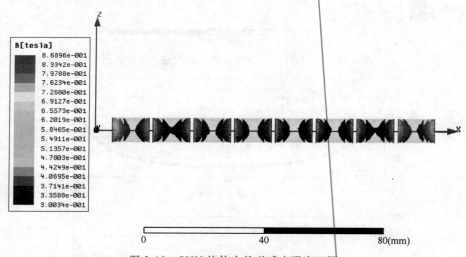

图 3-16　GMM 块体内的磁感应强度云图

从上述对两种组合式驱动方式的分析可以看出，采用 GMM 组合驱动方式 2 可以在有效的空间内提高磁场的均匀度，扩大均匀区范围，从而提高 GMM 内磁感应强度的均匀性，减少磁路的非线性。

此外，对于 GMM 组合驱动方式 2，由两端向中间按照 0、2、4、6、8、9 块永磁体的顺序施加偏磁场时，通过计算得到不同偏置磁场下 GMM$_4$ 中心点和 GMM$_5$

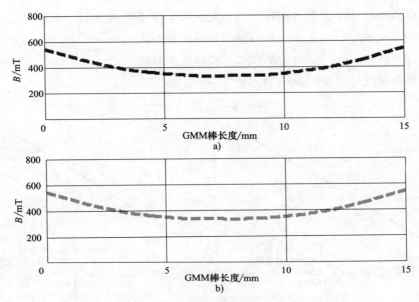

图 3-17　中央两块的磁感应强度分布曲线

a) GMM$_4$　b) GMM$_5$

中心点的磁感应强度，如图 3-18 所示。

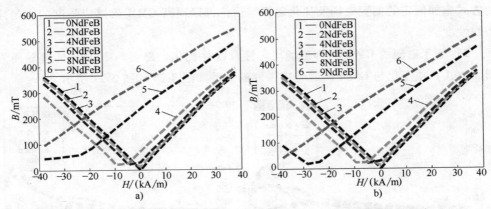

图 3-18　不同偏置磁场下 GMM$_4$ 中心点和 GMM$_5$ 中心点的磁感应强度

a) GMM$_4$ 中心点　b) GMM$_5$ 中心点

可以看出，偏置磁场的施加方式对棒状 GMM 的磁感应强度的大小及变化率影响较大。当偏置磁场由 9 块 $\phi10\times1.5$mm 永磁体 NdFeB 提供时，偏置磁场强度为 40kA／m，这时 GMM 的磁感应强度的灵敏区大大增加，而且具有较好的线性特性。

偏置磁场由 9 块 $\phi10\times1.5$mm 永磁体 NdFeB 提供时，利用最小二乘参数辨识方

法，求得 GMM_4 中心点和 GMM_5 中心点处的数学模型分别为

$$B = 333.3145 + 0.5793H \tag{3-1}$$

$$B = 292.2528 + 0.5931H \tag{3-2}$$

其拟合曲线分别如图 3-19 所示。

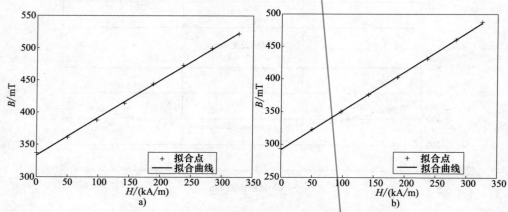

图 3-19　GMM_4 和 GMM_5 中心点处磁感应强度拟合曲线

a）GMM_4 中心点　b）GMM_5 中心点

综上所述，通过对超磁致伸缩材料驱动方式的优化，即在棒状 GMM 上以适当的方式施加恒定的偏置磁场及优化磁轭结构，可以提高 GMM 磁感应强度的均匀性与线性度。

2）基于磁轭的 GMM 内部磁场均匀性及线性优化。磁轭与 NdFeB 的接触面为圆面，其直径变化与 GMM 内磁感应强度的关系如图 3-20 和图 3-21 所示。

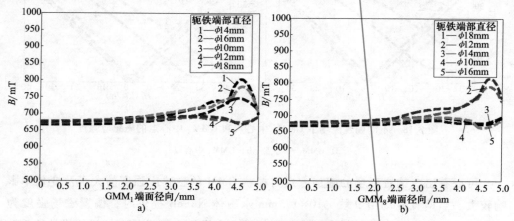

图 3-20　轭铁端部直径对两端棒状 GMM 接触端面径向磁感应强度的影响

a）GMM_1　b）GMM_8

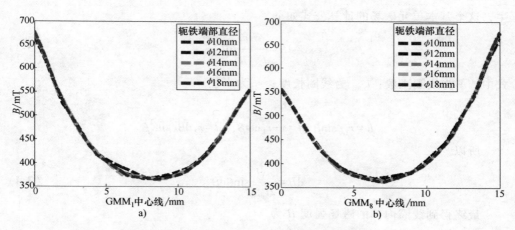

图 3-21　两端棒状 GMM 中心线路径上的磁感应强度

a) GMM$_1$　b) GMM$_8$

从上述分析可以看出，轭铁端部直径对相邻 GMM 端面的磁场分布影响较大，直径取 14mm 和 16mm 时，GMM 端面分布的磁场较大较均匀。轭铁端部直径的变化对 GMM 中心处的磁场影响甚微。

2. 驱动线圈研究

（1）驱动线圈磁场研究　线圈是实现电场能与磁场能转换的载体，根据 GMM 特性及由其构成的超磁致伸缩结构，需要确定电磁线圈的匝数、尺寸等物理参数。根据毕奥-萨伐尔定律计算磁场强度，考虑一个长直螺线管内磁场的情况，如图 3-22 所示。

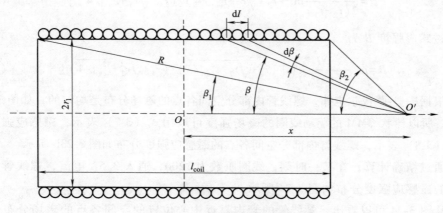

图 3-22　长直螺线管结构

假定磁场 H 由线圈叠加而成，由携带电流为（NI/l_{coil}）dl 的单匝线圈 dl 产

生，这个基本单元磁场的计算公式如下

$$\mathrm{d}H = \frac{NIr_1^2}{l_{\text{coil}}R^2}\mathrm{d}l \tag{3-3}$$

式中，N 为线圈匝数；l_{coil} 为线圈长度；r_1 为半径。

因为

$$R = r_1/\sin\beta, \ l = x - r_1\cot\beta, \ \mathrm{d}l = r_1\mathrm{d}\beta/\sin^2\beta$$

所以

$$\mathrm{d}H = \frac{NI}{2l_{\text{coil}}}\sin\beta\mathrm{d}\beta \tag{3-4}$$

最终得到线圈内部的磁场强度 H 为

$$H = \int_{\beta_1}^{\beta_2}\mathrm{d}H = \frac{NI}{2l_{\text{coil}}}(\cos\beta_1 - \cos\beta_2) = \frac{NI}{2l_{\text{coil}}}\left[\frac{l_{\text{coil}}/2 + x}{\sqrt{r_1^2 + (l_{\text{coil}}/2 + x)^2}} + \frac{l_{\text{coil}}/2 - x}{\sqrt{r_1^2 + (l_{\text{coil}}/2 - x)^2}}\right] \tag{3-5}$$

从单层线圈拓展到多层线圈，设多层线圈内径为 $2r_1$，外径为 $2r_2$。

$$H = \frac{NI}{2l_{\text{coil}}(r_2 - r_1)}\left[(l_{\text{coil}}/2 + x)\ln\frac{r_2 + \sqrt{r_2^2 + (l_{\text{coil}}/2 + x)^2}}{r_1 + \sqrt{r_1^2 + (l_{\text{coil}}/2 + x)^2}} + (l_{\text{coil}}/2 - x)\ln\frac{r_2 + \sqrt{r_2^2 + (l_{\text{coil}}/2 - x)^2}}{r_1 + \sqrt{r_1^2 + (l_{\text{coil}}/2 - x)^2}}\right] \tag{3-6}$$

在空载线圈的几何中心（$x = 0$）处磁场强度 H 为

$$H = \frac{NI}{2(r_2 - r_1)}\ln\left[(r_2 + \sqrt{r_2^2 + l_{\text{coil}}^2/4})/(r_1 + \sqrt{r_1^2 + l_{\text{coil}}^2/4})\right] \tag{3-7}$$

磁感应强度 B 为

$$B = \mu_0\frac{NI}{2(r_2 - r_1)}\ln\left[(r_2 + \sqrt{r_2^2 + l_{\text{coil}}^2/4})/(r_1 + \sqrt{r_1^2 + l_{\text{coil}}^2/4})\right] \tag{3-8}$$

根据毕奥-萨伐尔定律，螺线管内部分空间各点的磁场分布是均匀的，如图 3-23a 所示。所以棒状 GMM 的驱动线圈的磁场强度可以用式（3-7）表示，磁感应强度可用式（3-8）表示，螺线管内部分空间各点的磁感应强度分布如图 3-23b 所示。

通过精确计算，在某一时刻，线圈匝数为 1200，通入 3.5A 电流，螺线管中空部分的磁感应强度分布如图 3-24 所示。

从图 3-24 可以看出，螺线管的管内靠近中心位置的空间各点的磁场分布是均匀的，而在其端部由于漏磁等原因磁场分布不均匀。

螺线管几何中心的左右两端端点及中心点处磁感应强度随电流变化情况如

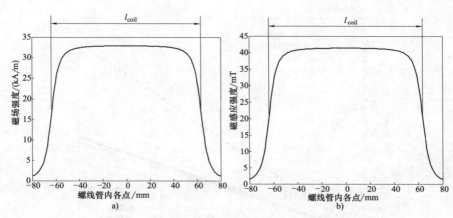

图 3-23　螺线管内部分空间各点的磁感应强度分布

a）磁场强度　b）磁感应强度

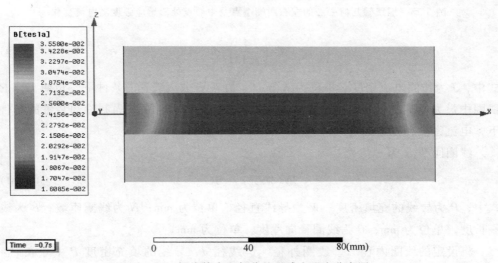

图 3-24　螺线管中空部分的磁感应强度分布图

图 3-25 所示。

　　同样可以看出，在相同励磁电流下，中空线圈中心点处的磁感应强度比两端强。励磁电流变化时，两端磁感应强度的变化率基本相同。

　　（2）驱动线圈参数的优化

　　1）线圈线径。当线圈其他尺寸一定时，只改变线圈线径，分析线径对磁场的影响。当线圈长度、内外径确定下来，线径 d 与电流 I 会影响磁场的大小。I 与 d 的关系为

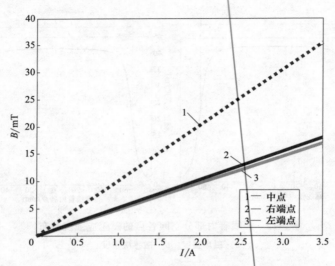

图 3-25 螺线管几何中心的左右两端端点及中心点处磁感应强度随电流变化

$$I = \left(\frac{d}{1.13}\right)^2 J \tag{3-9}$$

式中，J 为线圈电流密度，单位为 A/mm^2。在没有散热装置的条件下，长期工作的线圈中最大电流密度为 $3\sim5A/mm^2$，一般小于 $3A/mm^2$；在有强制冷却装置的条件下，电流密度可以适当选大一些。

线圈匝数 N 为

$$N(W/P)^2 = BC \tag{3-10}$$

式中，P 为导线的充填密度；W 为导线直径，单位为 mm；N 为线圈匝数；B 为线圈长度，单位为 mm；C 为线圈径向厚度，单位为 mm。

将设定的线圈内径 r_1、线圈外径 r_2、线径 d、导线的填充密度 P（可取 $P = 0.95$），代入式（3-10）得

$$N = \frac{P^2(r_2 - r_1)l_{coil}}{d^2} \tag{3-11}$$

将式（3-9）、式（3-11）代入式（3-7）得到

$$H = \frac{P^2 J l_{coil}}{2 \times 1.13^2} \ln\left[(r_2 + \sqrt{r_2^2 + l_{coil}^2/4}) / (r_1 + \sqrt{r_1^2 + l_{coil}^2/4}) \right] \tag{3-12}$$

由式（3-12）可知，驱动线圈磁场大小不受线径的影响。

根据电流密度，以及线圈中通入的额定电流，计算裸线直径，然后从线规表查得线型和线径。线型选择聚酯亚胺漆包线，型号为 QZ-2/1302，线径为 $\phi 1.4\text{mm}$。

2）线圈内径、线圈厚度及线圈长度。在线圈厚度 e 及长度不变的情况下（$e=20.5\text{mm}$，$l_{coil}=133.5\text{mm}$，$N=1200$），线圈内径 r_1 变化对线圈几何中心点处磁感应强度的影响如图 3-26 所示。

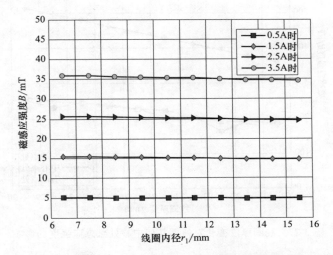

图 3-26 线圈内径变化对线圈几何中心点处磁感应强度的影响

可以看出，线圈内径增大时，线圈产生磁感应强度会有所减小，在线圈电流密度较小时，影响较弱；在线圈电流密度较大时，影响较为显著。

在线圈内径 r_1 及长度 l_{coil} 不变的情况下，线圈厚度会明显影响线圈真空条件下磁感应强度的大小。当线圈电流密度为 $1.53\text{A}/\text{mm}^2$ 时，线圈厚度变化对线圈几何中心处磁感应强度的影响如图 3-27 所示。

在线圈内半径及线圈厚度不变的情况下（$r_1=6.5\text{mm}$，$e=20.5\text{mm}$），考虑线圈长度 l_{coil} 变化对线圈真空条件下产生磁感应强度的影响，当线圈电流密度为 $1.53\text{A}/\text{mm}^2$ 时，线圈长度变化对线圈几何中心线端点处及中点处的磁感应强度的影响如图 3-28 所示。

从分析结果可知，线圈长度的变化基本不影响线圈磁感应强度的大小，线圈长度越长，内部磁场越均匀。驱动棒状 GMM 的线圈的长度由棒状 GMM 及磁轭等的尺寸决定。

根据 GMM 的直径 $\phi 10\text{mm}$，在满足线圈使用条件下，使得线圈架尽量薄，使线圈内径与棒状 GMM 外径接近，为了保证棒状 GMM 无阻力的运动，取线圈内径

为 $\phi 13\text{mm}$。

线圈的长度对线圈的性能影响不大，根据已经确定的棒状 GMM 长度及磁轭等的尺寸要求，确定线圈长度 l_{coil} 为 127mm 左右。

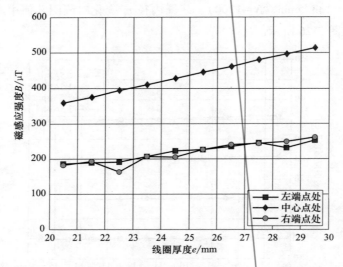

图 3-27　线圈厚度变化对线圈几何中心处磁感应强度的影响

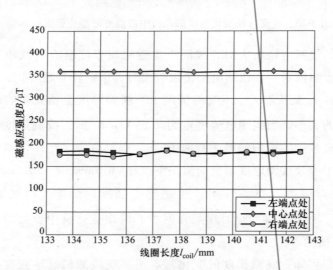

图 3-28　线圈长度变化对线圈几何中心线端点处及中点处的磁感应强度的影响

根据 GMM 材料的工作特性，确定偏置磁场 $H_0 = 40\text{kA/m}$，驱动磁场在 $\pm 40\text{kA/m}$，则总磁场强度 H 在 $0 \sim 80\text{kA}$ 的范围内变化。理想状态下线圈的磁场与安匝数的关系为

$$Hl_{coil} = NI \tag{3-13}$$

式中，l_{coil} 为线圈长度；N 为线圈匝数；I 为线圈励磁电流。

线圈线径 $\phi 1.4mm$ 允许的电流密度设为 $3A/mm^2$，则最大工作电流为 4.6A，由式（3-13）可得 $N \geqslant 1100$，考虑到漏磁等因素，取 N 为 1200。

根据线圈长度、线径及匝数，以及填充密度，得出线圈外半径为 27mm，线圈厚度为 20.5mm。

3.2.2 筒状超磁致伸缩预紧系统磁场研究

在前述章节采用磁路的方法分析筒状超磁致伸缩自动预紧系统关键部件 CGMA 的磁场大小，计算简单，可以定性分析材料、结构参数等各因素对磁场、温度场的影响规律，为 CGMA 的结构设计提供理论依据。但由于该方法中磁阻大小难以准确获得，进行定量计算精确度差，本章采用有限元分析方法，精确分析驱动电流、滚珠丝杠、偏磁方式及外部压力对 CGMA 磁场大小与均匀性的影响。

本书采用 Ansoft Maxwell 16 对 CGMA 内部磁场进行仿真研究，该软件基于麦克斯韦方程组，功能强大，仿真结果准确。建模中忽略螺钉、输出杆、预紧结构等影响，由图 2-13 的磁路模型可知，CGMA 属于内部中空的 3D 轴对称结构，模型尺寸、材料根据表 3-1 和表 3-2 设定，CGMM 的电磁学参数由生产厂家 ETREMA 提供。

表 3-1 CGMA 的主要参数

名称	参数
CGMM 规格 $\left(\dfrac{\text{外径}}{mm} \times \dfrac{\text{内径}}{mm} \times \dfrac{\text{筒长}}{mm}\right)$	$\phi 40 \times \phi 30 \times 50$
碟形弹簧预紧力/MPa	4.91
输出杆材料	45 钢
壳体材料	45 钢
磁轭材料	纯铁
骨架材料	铝
永磁体材料	钕铁硼
超磁致伸缩系数	$\geqslant 1000 \times 10^{-6}$
碟形弹簧预紧力/MPa	4.91
驱动线圈匝数	1050
线圈导线直径/mm	1.56
线圈直流电阻/Ω	3

表 3-2 CGMA 组件的关键参数

组件	长度/mm	直径/mm	弹性模量/GPa	泊松比	密度/(kg/m³)
输出杆	63	41	210	0.31	7850
导磁环	10	40	150	0.29	7860
CGMM	50	40	30	0.44	9250
底座	15	151	210	0.31	7850

当线圈匝数为 1050，驱动电流为 5A 时，CGMA 的磁场分布如图 3-29 所示，因 CGMA 为轴对称结构，仅对仿真模型的半部进行研究；CGMM 中心线上磁通密度与磁场强度的数值分布曲线如图 3-30 所示。由图可知，在驱动磁场作用下，除

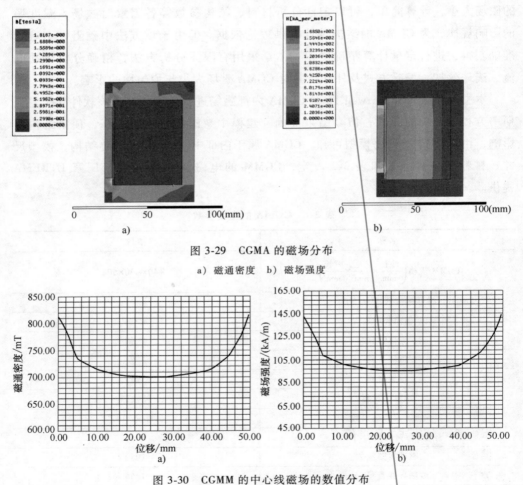

图 3-29 CGMA 的磁场分布

a）磁通密度 b）磁场强度

图 3-30 CGMM 的中心线磁场的数值分布

a）磁通密度 b）磁场强度

CGMM 与磁轭接触端，其磁通密度与磁场强度分布均匀，平均磁场强度为 104.44kA/m，与不考虑漏磁情况下通过公式（$H_1 = NI/L_1$）计算的数值（105kA/m）十分接近。固定模型结构尺寸，改变驱动电流，磁场强度的仿真值与计算值见表 3-3。由表可知，在结构尺寸不变的情况下，改变驱动电流，磁场强度的计算值与仿真值符合程度高、一致性好。分析结果表明，基于磁路分析法对 CGMA 进行结构分析与设计是合理的。

表 3-3　磁场强度的计算值与仿真值

驱动电流/A	磁场强度/(kA/m)	
	计算值	仿真值
0.5	10.5	10.4
1	21	20.9
1.5	31.5	31.3
2	42	41.8
2.5	52.5	52.2
3	63	62.6
3.5	73.5	73.1
4	84	83.5
4.5	94.5	93.9
5	105	104.4
5.5	115.5	114.8
6	126	125.3

　　为分析滚珠丝杠对磁场分布的影响，简化丝杠模型，采用直径 25mm、长度 600mm，材料为轴承钢的圆柱杆件代替，将其穿过 CGMA，从 0 增大驱动线圈电流到 6A，以 CGMM 为研究对象进行有限元磁场仿真。在 CGMA 空心与穿入丝杠两种情况下，CGMM 中心线磁场强度、磁通密度平均值的分布如图 3-31 所示。穿入丝杠会使 CGMM 平均磁场强度变小，减小的相对差值不超过 1%；磁通密度值也变小，其相对差值不超过 4.9%。该仿真结果与 2.2 节中理论分析一致，也说明穿入丝杠虽使驱动磁场减小，但不影响自动预紧需要。

　　偏磁方式是决定 CGMA 输出特性的关键因素，分别对 CGMM 施加线圈偏磁和永磁偏磁。经仿真计算，当 CGMM 两端采用长 10mm、内外径与 CGMM 相同的永磁体偏置时，其偏置磁场平均值与采用驱动电流为 2A 的线圈偏磁效果相当，CGMM 与永磁体或导磁环接触处的磁场强度值变化较大，因此选择 CGMM 中部

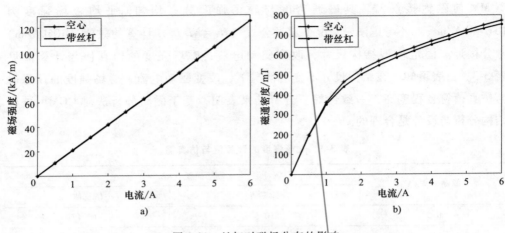

图 3-31　丝杠对磁场分布的影响

a）磁场强度　b）磁通密度

49.6mm 长度为研究对象，数值仿真结果如图 3-32 所示。由仿真结果计算可得，线圈偏置平均磁场强度为 36.59kA/m，永磁偏置的平均值为 36.76kA/m，两种偏置方式下磁场平均值基本相等。磁场均匀率影响相邻磁畴单元的应变，使材料拉压特性不一致，根据式（3-14）计算磁场均匀率 η，可得两种偏置方式的均匀率分别为 88.69%、21.74%，线圈偏置磁场分布的均匀性明显优于永磁偏置，结果表明结构设计中选择线圈偏置是合理的。

$$\eta = \left(1 - \frac{H_{max} - H_{min}}{H_{max}} \right) \times 100\% \qquad (3-14)$$

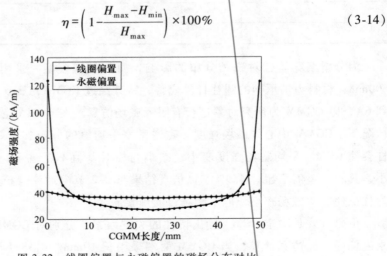

图 3-32　线圈偏置与永磁偏置的磁场分布对比

CGMM 的磁导率受压应力变化影响，随压应力变化的 $B\text{-}H$ 曲线如图 3-33 所示。

设定线圈驱动电流为 5A，继续选取 CGMM 筒壁中心线为研究对象，材料所受压应力由 3MPa 增加到 17.5MPa，其内部轴向磁场强度分布如图 3-34 所示。由图 3-34 可知，在不同压应力作用下，磁场强度数值分布的变化趋势相同，压应力变化对磁场分布影响较小。不同压应力下磁场强度的参数值见表 3-4。由此可见，当电流为 5A 时，磁场强度大于 95kA/m，参考材料输出特性，满足输出最大应变（或输出最大力）的磁场强度要求；压应力不同时磁场的最大值、最小值有一定浮动，平均值变化很小；压力影响磁场分布的均匀性，但均匀率变化范围不超过 5%。

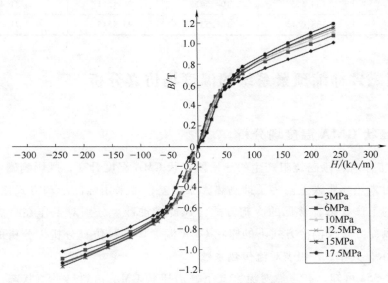

图 3-33 不同压应力下的 B-H 曲线

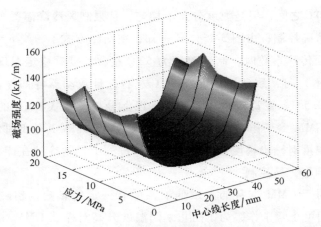

图 3-34 压应力对磁场强度数值分布的影响

表 3-4　不同压应力下磁场强度的参数值

压应力 /MPa	磁场强度/(kA/m)			均匀率(%)
	最大值	平均值	最小值	
3	143.5538	104.4214	96.0077	66.88
6	136.8310	104.5279	95.7286	69.96
10	136.6210	104.5242	95.7307	70.07
12.5	147.5327	104.4054	95.2307	64.55
15	134.5854	104.5418	96.1511	71.44
17.5	135.0665	104.5344	95.9515	71.04

3.3　超磁致伸缩预紧系统的温度场仿真分析

3.3.1　棒状 GMA 温度场分析

GMA 工作时，励磁绕阻产生的热量使棒状 GMA 温度升高，既影响磁致伸缩系数，又会引入热膨胀误差。为了抑制热膨胀误差，常采用强制冷却方式使 GMA 处于较稳定的工作状态，常见的冷却方式为风冷和油冷。分别对工作在自然对流方式、强制风冷方式及油冷方式下的棒状 GMA 温度场进行仿真分析，分析的结果如图 3-35 所示，其中，h 代表对流传热系数。

由图 3-35a 可知，在自然对流方式下，当棒状 GMA 达到热平衡状态，其内部温度超过 100℃；由图 3-35b 可知，在强制风冷方式下，棒状 GMA 的温度明显降低，温度介于 40~50℃之间，但是温度分布不均匀，且强制风冷降温受外部环境影响较大，不易实现精确控制；由图 3-45c、d 可知，在油冷方式下，当 $h=50W/(m^2·K)$ 为油冷最小表面传热系数时，制冷温度为 52℃左右，接近稳定温度工作范围，当 $h=80W/(m^2·K)$ 时，致动器温度在 41℃左右，且致动器各部件温度分布均匀，温度变化小于 0.5℃，制冷效果明显。基于以上分析，棒状 GMA 的制冷方式选择油冷，能够使 GMM 棒工作在最佳的温度范围，棒状 GMA 其他部件温度分布均匀、热变形小，使温度对输出精度影响小；在工作过程中，制冷油在棒状 GMA 内部循环，受外部影响小，易控制。

温度升高对于 GMM 本身的磁致伸缩性能有一定的影响，超磁致伸缩材料在 -20~100℃之间可正常工作，为了防止线圈温度升高对棒状 GMM 带来的影响，在磁致伸缩结构中设计了制冷结构，对线圈采用油浸式冷却方法，以使该结构中的超磁致伸缩材料能够正常工作。冷却介质选用 10#变压器油，液压泵采用微型循环液压泵，额定流量为 500L/h 左右。为增强冷却效果，可以增配一个散热器，满负荷时保持出口油温在 40℃ 以下即可。

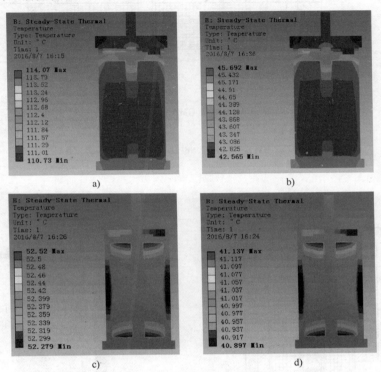

图 3-35　温度场仿真结果

a）自然对流方式，$h = 20\text{W}/(\text{m}^2 \cdot \text{K})$　b）风冷方式，$h = 80\text{W}/(\text{m}^2 \cdot \text{K})$

c）油冷方式，$h = 50\text{W}/(\text{m}^2 \cdot \text{K})$　d）油冷方式，$h = 80\text{W}/(\text{m}^2 \cdot \text{K})$

通过以上分析，确定棒状 GMA 的结构参数见表 3-5，确定棒状 GMA 的结构简图如图 3-36 所示，其剖面图与实物图如图 3-37 所示。

表 3-5　棒状 GMA 的结构参数

参数名称	数值	参数名称	数值
棒状 GMM 直径/mm	10	线圈电感/mH	24.5
棒状 GMM 长度/mm	120	偏磁场强度/(kA/m)	40
线圈内径/mm	13	工作电流/A	±3.5
线圈外径/mm	54	质量/kg	5.2
线圈导线直径/mm	1.4	执行器外径/mm	78.5
线圈匝数(匝)	1200	执行器长度/mm	165
线圈直流阻抗/Ω	3	输出杆螺纹长度/mm	26

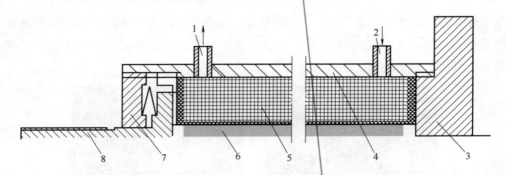

图 3-36　棒状 GMA 的结构简图

1—冷却液出口　2—冷却液入口　3—底盘　4—外壳　5—线圈
6—棒状 GMM 块及薄片状 NdFeB　7—端盖　8—输出杆

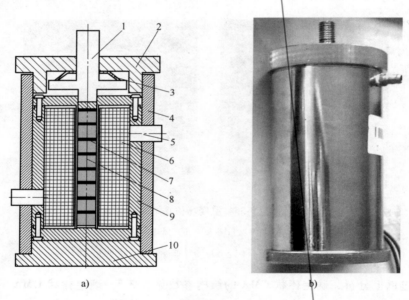

a)　　　　　　　　　　　　　　b)

图 3-37　棒状 GMA 的剖面图与实物图

a）剖面图　b）实物图

1—输出杆　2—端盖　3—碟形弹簧　4—外壳　5—冷却通道　6—励磁绕阻

7—永磁体　8—Terfenol-D 棒　9—磁轭　10—底座

3.3.2　CGMA 温度场分析

在 ANSYS Workbench15 中依据图 3-38 建立 CGMA 的 3D 模型，空气、冷却油及 CGMA 各元件的热特性参数见表 3-6。根据致动器工作条件，其工作电流设计为

0~5A，当电流为 5A 时，其发热功率为 75W，不考虑温控系统散热，仅存在 CGMA 的外表面与空气进行自然对流，根据表 3-7 列出的常见介质的表面传热系数可知，空气自然对流的表面传热系数为 5~25W/(m² · K)，这里取 15W/(m² · K)，外界环境温度取 30℃，计算完毕后得到自然对流方式下 CGMA 温度场云图如图 3-39 所示。

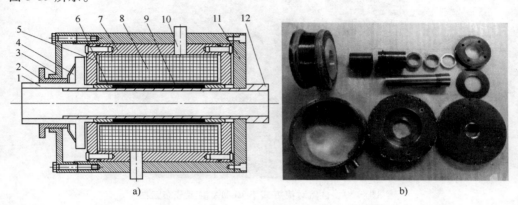

图 3-38　CGMA 结构图

a）剖面图　　b）组成元件

1—输出杆　2—预紧螺母　3—外壳　4—碟形弹簧　5—盘形磁轭　6—导磁环
7—导磁筒　8—驱动线圈　9—CGMM　10—冷却通道　11—底座　12—轴套

表 3-6　CGMA 结构及传热模型参数

参　　　数	数　　值
外界环境温度 T_A/℃	30
空气导热系数 λ_A/W · m^{-1} · K^{-1}	0.0259
轴套导热系数 λ_S/W · m^{-1} · K^{-1}	43.2
CGMM 导热系数 λ_G/W · m^{-1} · K^{-1}	13.5
线圈骨架导热系数 λ_B/W · m^{-1} · K^{-1}	144
外壳导热系数 λ_H/W · m^{-1} · K^{-1}	43.2
底座导热系数 λ_{Dz}/W · m^{-1} · K^{-1}	43.2
冷却油导热系数 λ_O/W · m^{-1} · K^{-1}	0.128
空气运动黏度 ν_A/m² · s^{-1}	1.5×10^{-5}
冷却油运动黏度 ν/m² · s^{-1}	9×10^{-6}
CGMM 的热膨胀系数 α/(10^{-6}/℃)	12

表 3-7　常见介质的表面传热系数

媒　介	自然对流	强制风冷	油冷
表面传热系数 $W/(m^2 \cdot K)$	5~25	20~100	50~1500

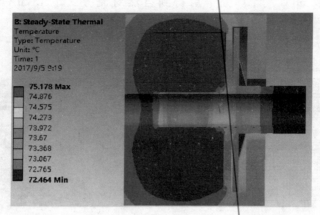

图 3-39　自然对流方式下 CGMA 温度分布云图

根据 2.2 节中 CGMA 温控系统的结构设计，分别对自然对流、强制风冷、油冷三种方式的冷却效果对比研究，仿真计算中表面传热系数的范围取中间值，此处自然对流、强制风冷、油冷表面传热系数分别取 15W/（m² · K）、50W/（m² · K）、500W/（m² · K），环境温度、冷却腔内的稳态温度取 30℃，驱动线圈工作电流由 0 增加到 5A，当 CGMA 处于稳态时，CGMM 的温度仿真结果如图 3-40a 所示，由 CGMM 在自然对流、油冷方式下的热位移公式［式（2-59）］计算出的热位移如

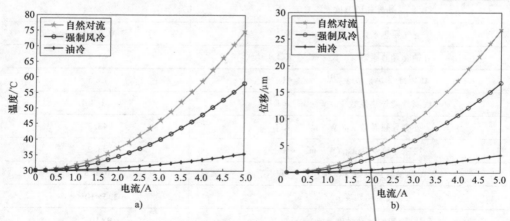

图 3-40　各冷却方式下 CGMM 的温度-热位移曲线

a）温度　b）热位移

图 3-40b 所示。

由图 3-40a 可知，强制风冷效果明显优于自然对流，强制风冷又比油冷散热效果差，而且在整个工作电流区间内冷却后温度变化大于 25℃，油冷散热效果明显优于强制风冷，且在 0~5A 电流范围内稳态温度的变化在 5℃ 左右；由图 3-40b 可知，在 5A 驱动电流作用下，CGMM 由于温升造成的热位移可达 27μm，强制风冷时热位移为 17μm，而油冷时热位移降为 3μm 左右。以上说明油冷方式降温效果较好，可有效抑制热膨胀引起的输出误差。由图 3-40 可见，当油温取为 30℃，CGMM 的稳态温度低于 40℃，而磁致伸缩系数在温度范围为 40~50℃ 时变化稳定，因此，冷却腔内部油的温度应根据要求选择。

设定油冷表面传热系数为 500W/(m² · K)，环境温度取 30℃，冷却腔内油温分别取 30℃、35℃、40℃、45℃、50℃ 时，CGMM 的温度及热位移变化如图 3-41 所示。比较图 3-41a 中不同油温下 CGMM 的温度变化曲线可以看出，当表面传热系数保持 500W/(m² · K)，油温在 40~45℃ 变化时，CGMM 的工作温度范围可稳定在 40~50℃；图 3-41b 中显示不同油温下热位移曲线基本重合，温升引起的热位移变化范围相同。

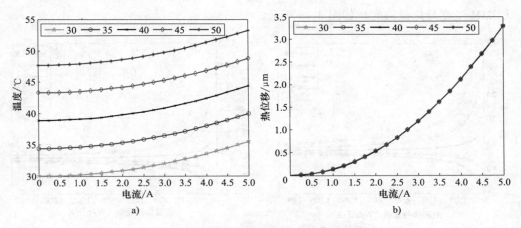

图 3-41 油温对 CGMM 温度及热位移的影响
a）温度变化 b）热位移变化

在第 2 章的分析中得到表面传热系数是引起冷却效果变化的重要因素，为进一步验证此结论，分别从其对 CGMA 温度分布，以及对 CGMM 温度变化、热位移的影响进行研究。取冷却油稳态工作温度为 43.5℃，设定工作电流为 5A，油的换热系数在 50~1500W/(m² · K) 范围内变化，CGMA 的温度分布如图 3-42a 所示；稳态温度最大值与最小值的温度差同表面传热系数之间的对应关系如图 3-42b 所示。

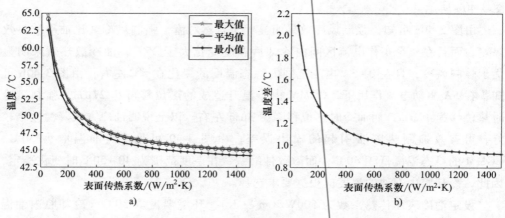

图 3-42　表面传热系数对 CGMA 温度分布的影响

a）温度变化　b）温度差变化

由图 3-42 可以看出，在油冷方式下 CGMA 的温度值随表面传热系数的增大而较小，表面传热系数与温度差呈负相关，与温度分布的均匀性呈正相关。保持稳态油温 43.5℃ 不变，驱动线圈电流由 1A 到 5A 变化，在不同表面传热系数下 CGMM 温度与热位移变化如图 3-43 所示。

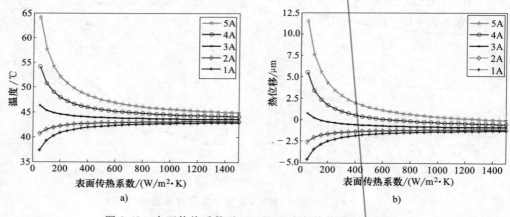

图 3-43　表面传热系数对 CGMM 温度与热位移变化的影响

a）温度变化　b）热位移变化

由图 3-43 可知，当换热系数大于 450W/（m^2·K）时，在不同驱动电流作用下，CGMM 的稳态温度值都处于超磁致伸缩系数稳定的温度范围，且当表面传热系数增大时，温度变化较小。结合冷却油与冷却腔壁之间的表面传热系数［式（2-58）］，经多次仿真优化，表面传热系数可定为 480W/（m^2·K）。本书中考虑所使用液压泵的功率与流量，对应油的流速为 50L/min，此边界条件下 CGMA 的温度分布如图 3-44 所示。结果表明，采用油冷散热，稳态时，CGMA 的温度分布均匀，选择合适的油温和流速可使其温度保持在 40~50℃。

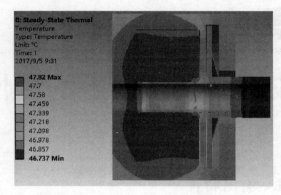

图 3-44   油冷下 CGMA 温度分布云图

第**4**章

超磁致伸缩预紧系统的特性研究

4.1 棒状 GMA 输出特性

4.1.1 棒状 GMA 测控系统

棒状 GMA 的输出特性分析主要研究磁场、温度、丝杠等对棒状 GMA 动静态特性影响，因此，主要搭建了输出位移、输出力及热特性测试平台，如图 4-1 所示。

4.1.2 棒状 GMA 的位移输出特性

施加电流为分段线性直流电流，棒状 GMA 的静态输出位移如图 4-2 所示。结果表明，超磁致伸缩结构在工作电流从$-3\sim3$A 线性变化时，最大行程为 83.67μm，符合设计要求。

给棒状 GMA 施加幅值为 1.5A，频率为 10Hz 的正弦交流信号，测量其 5 个输入信号周期的理论输出和实际输出，其动态位移输出结果如图 4-3 所示。结果表明，棒状 GMA 能够快速同频跟踪动态输入，其动态性能较好，偏置磁场可有效消除倍频，提高输出位移线性度。

4.1.3 棒状 GMA 的力输出特性

由于实际应用中不可能限制 GMA 输出位移为零，故设计约束力可调的夹持设备，分别研究不同约束力下 GMA 的输出力特性。为研究驱动电流与输出力之间的关系，固定初始机械约束力为 600N，改变励磁绕阻中直流驱动电流，分别输入四

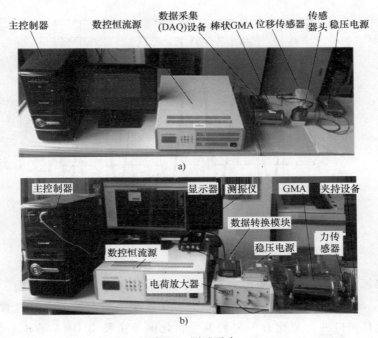

图 4-1　测试平台

a）输出位移测试平台　b）输出力测试平台

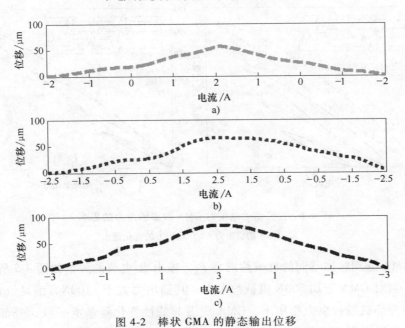

图 4-2　棒状 GMA 的静态输出位移

a）-2A→2A→-2A　b）-2.5A→2.5A→-2.5A　c）-3A→3A→-3A

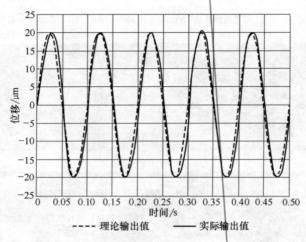

图 4-3　棒状 GMA 的动态输出位移

组不同的电流，得到的电流-输出力对应关系如图 4-4 所示。结果表明，当电流变化到 6A 时，输出力变化量可达 300N 以上，在四个电流范围的上升过程中，相同的电流变化量对应的力变化有一定的偏差，此偏差主要由 GMA 的核心元件 GMM 棒本身特性及外界工作环境变化引起。

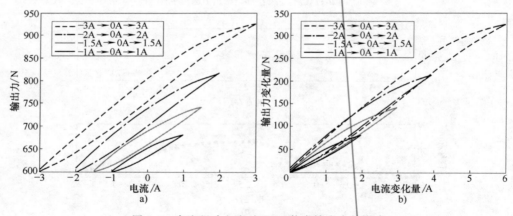

图 4-4　直流驱动电流对 GMA 静态输出力的影响

a）GMA 的输出力　b）输出力的变化量

对 GMA 分别施加不同的机械约束力 F_I，输出力-电流的关系如图 4-5 所示。结果表明，当对 GMA 施加 800N 机械约束力，其输出力大于 1100N，满足设计要求。在不同的外部机械约束力作用下，GMA 磁滞非线性变化量基本一致，外部机械约束对磁滞非线性影响较小。

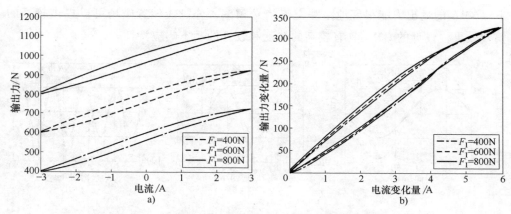

图 4-5　不同机械约束力对 GMA 静态输出力的影响

a) GMA 的输出力　b) 输出力的变化量

工作温度分别为 30℃、40℃、50℃ 和 60℃ 时，测试获得 GMA 的输出力如图 4-6 所示。结果表明，随温度升高，相同电流下的 GMA 的输出力变大，但输出力的变化量基本不变：温度每升高 10℃，GMA 的输出力特性曲线整体上移，温度由 40℃ 变化到 50℃ 时，力的变化相对较小，输出特性相对稳定。采用油冷降温时，温度可保持在 50℃ 左右，GMA 在 −3 ~ +3A 工作范围内的输出力线性好、稳定性好。

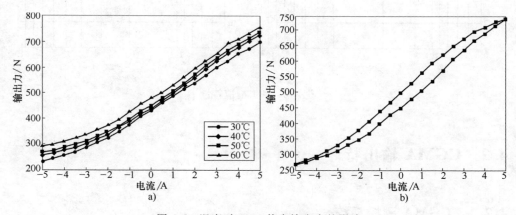

图 4-6　温度对 GMA 静态输出力的影响

a) 不同温度下 GMA 的输出力　b) 恒温 50℃ 下 GMA 的输出力

在 600N 约束力作用下，分别给 GMA 施加幅值为 2.5A、频率 1~100Hz 的正弦交流信号，GMA 的输出力对输入电流正弦信号的跟踪性能如图 4-7 所示，根据实验测量值绘制的频率响应特性曲线如图 4-8 所示。结果表明，在低频交流励磁作用下，GMA 的输出力能很好地跟踪交流信号频率，分段式偏置磁场可以提供较好的偏置效果，设计的 GMA 具有较高的精度和较好的动态响应特性。

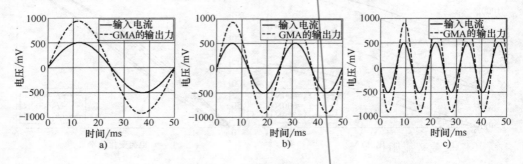

图 4-7　正弦输入信号跟踪性能

a）20Hz　b）40Hz　c）80Hz

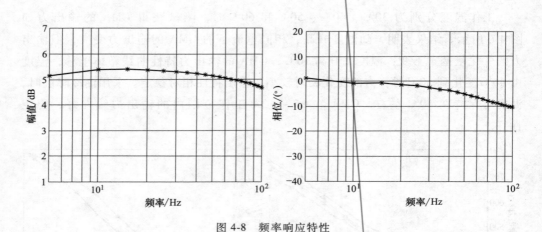

图 4-8　频率响应特性

4.2　CGMA 输出特性

4.2.1　CGMA 测控系统

CGMA 的输出特性分析主要研究磁场、温度、丝杠等对 CGMA 动静态特性影响，因此，主要搭建了输出位移、输出力及热特性测试平台。

1. 数控恒流源

在超磁致伸缩自动预紧系统中，驱动电源对 CGMA 输出性能起决定性作用。

书中设计的 CGMA 用于预紧力自动控制，根据应用场合需设计一种大功率高精度数控电流源。

（1）特点　CGMA 的驱动电源应具有以下特点：

1）可编程控制，既可通过内部信号源又可由外部电压控制输出电流。

2）可单独直流输出、单独交流输出及交直流叠加输出。

3）电流、电压输出范围大。

4）电流分辨率高，输出精度高。

5）电路响应时间短，动态性能好。

6）负载直流阻抗范围宽。

根据上述要求，所设计的数控恒流源的结构如图 4-9 所示，具有手动、自动两种工作方式。自动工作方式下，控制信号可来自内部信号源和外部信号源，两种信号源不能叠加作用，只能单独工作。电源支持 RS-232 串行接口，采用串行通信控制电源输出驱动电流，以此获得 CGMA 的准静态输出。电源具有 BNC 外控输入端，采用具有 I/O 功能的 PCI-6251 板卡输入控制电压，结合激光传感器完成对超磁致伸缩预紧系统的闭环控制。

（2）主要特性参数　电源的主要特性参数如下：

1）电流输出范围为 $-10 \sim 10A$，电压输出范围为 $-30 \sim 30V$。

2）电流分辨率为 1mA，电流精度为设定值的 $\pm 0.2\%$。

3）电路响应时间为 <1ms，交流频率为 $1 \sim 100Hz$。

4）负载直流阻抗为 $1.3 \sim 3\Omega$，负载电感量为 <30mH。

5）输出电压监视信号为 $0 \sim \pm 5V$，对应实际输出为 $0 \sim \pm 30V$；输出电流监视信号为 $0 \sim \pm 5V$，对应实际输出为 $0 \sim \pm 10A$。

6）外部控制信号为 $0 \sim \pm 10V$，对应输出电流 $0 \sim \pm 10A$。

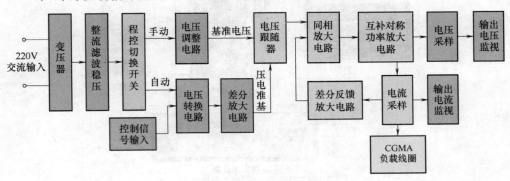

图 4-9　数控恒流源结构图

2. 输出位移与输出力测试系统

为测试自动预紧用 CGMA 的输出特性，利用自行研制的致动器分别搭建了空心和带有滚珠丝杠的 CGMA 输出位移与输出力测试平台，如图 4-10 所示。系统采用远程控制可编程双极性电源为致动器提供驱动电流，输出最大电流为 ±10A，最大电压 ±30V，其控制由 C++编程实现；激光位移传感器和应变力传感器分别用于 CGMA 输出位移和力的采集；数据转换模块采用分辨率为 12 位的 USB-4711A-AE；模拟示波器用于数据采集过程中跟踪检测显示。

图 4-10　CGMA 输出位移与输出力测试平台

a）空心 CGMA 特性测试平台　b）穿入滚珠丝杠后 CGMA 的特性测试平台

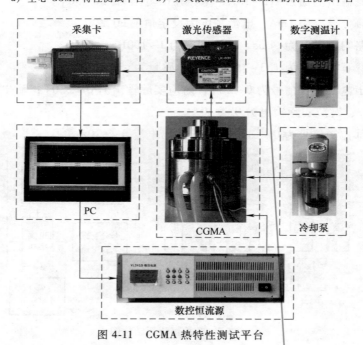

图 4-11　CGMA 热特性测试平台

3. 热特性测试系统

根据表 3-6 所述参数研制 CGMA 的样机，搭建的热特性测试系统如图 4-11 所示。激光位移传感器测量 CGMA 的输出位移，利用采集卡将位移量转换为数字信号并在 PC 上显示，热电偶与数字式测温计测量 CGMM 的温度，PC 通过编程采用内部信号源实现数控恒流源的自动控制，为 CGMA 提供幅值可自动调节的驱动电流。该 CGMA 系统采用直接冷却驱动线圈的油冷方式实现主动温度控制，冷却泵向 CGMA 提供循环流动的冷却油，使 CGMA 工作在理想的温度范围，既可保证超磁致伸缩系数的稳定性，又可抑制温升带来的热位移误差。

4.2.2 CGMA 的静态输出特性

利用图 4-10a 空心 CGMA 特性测试平台，对 CGMA 施加 2700N 预压力，分别在无偏磁和偏磁状态下，连续调节数控恒流源使驱动线圈电流在 0~5A 范围内变化，电流变化的步长为 0.1A，测得不同电流下 CGMA 的输出位移量，如图 4-12 所示。由图可见，CGMA 在无偏磁时，输出位移变化量大，但电流-位移曲线斜率变化较大，线性度较差，驱动电流在 2.1~5A 之间变化时，电流-位移曲线具有线性度较好；对 CGMA 施加偏置磁场后，位移输出变化量变小，但输出曲线线性度明显改善，电流在 0.3~3A 之间线性度较好。结果表明，两曲线具有较好线性位移输出的驱动

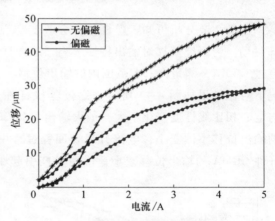

图 4-12　偏磁对静态输出位移影响

电流范围基本相同，在超磁致伸缩滚珠丝杠副预紧调整系统中，施加偏置磁场可改善 CGMA 输出的线性度，减小预紧力自动控制难度。

对 CGMA 施加偏置磁场，碟形弹簧预压力保持 2700N，保持其他条件不变重复测试 CGMA 的输出位移，如图 4-13 所示。由图 4-13a 可看出，本书设计的 CGMA 在 5A 直流驱动下输出位移可达 28μm，满足滚珠丝杠副预紧系统设计要求，输出具有明显的非线性滞回特征。图 4-13b 显示后一次测量值多数大于前一次测量，材料本身的磁滞是主要影响因素；在电流 0~1A 范围内，相对误差较大，原因是驱动电流小，输出位移值小，传感器本身的精度和测量误差对结果影响明显；位移重

复误差小于 $1.3\mu m$，CGMA 重复性较好。

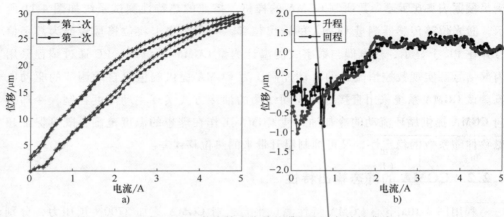

图 4-13 CGMA 静态输出位移的滞回和重复特性曲线

a) 位移-电流曲线 b) 误差曲线

由 2.2 节分析可知，丝杠杆件会改变空心 CGMA 的磁路结构，减小 CGMM 内部磁场。为研究丝杠对输出特性影响，选择材料为轴承钢、直径 25mm 的丝杠杆件穿过 CGMA，测量 0~5A 范围内的输出位移，其他条件相同，空心和带丝杠两种情况下对比结果如图 4-14 所示。穿过丝杠杆件，CGMA 输出位移的磁滞特性不变，与空心相比线性度变化不大，最大输出可达 $26\mu m$；差值曲线显示，带丝杠 CGMA 的输出位移整体变小，电流升程和回程过程中差值变化趋势基本相同。穿过丝杠杆件 CGMA 的输出位移减小，说明丝杠引起驱动磁场减小，与前述的仿真结果一

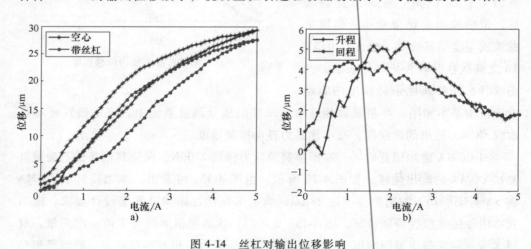

图 4-14 丝杠对输出位移影响

a) 位移-电流曲线 b) 差值曲线

致, 进一步验证了理论分析的合理性, 但对 CGMA 输出特性影响不大, 位移仍可满足预紧力调整要求。

将 CGMA 穿入滚珠丝杠组成超磁致伸缩预紧系统, 如图 4-10b 所示。设定滚珠丝杠副初始预紧力 1600N, 在 0~10A 驱动电流范围内连续改变电流, 每次变化量为 0.5A, 测得 CGMA 输出力见表 4-1。依据测量数据绘制静态输出力特性曲线, 如图 4-15 所示。

表 4-1 电流-输出力对应关系表

电流/A	输出力/N （升程）	输出力/N （回程）	电流/A	输出力/N （升程）	输出力/N （回程）
0	1600	1750	5.5	6041	6633
0.5	1689	2402	6	6292	6892
1	1956	3047	6.5	6547	7068
1.5	2340	3593	7	6805	7245
2	3114	4166	7.5	7156	7423
2.5	3663	4612	8	7423	7694
3	4093	5074	8.5	7603	7785
3.5	4537	5470	9	7877	7985
4	4918	5712	9.5	8061	8169
4.5	5389	6041	10	8200	8200
5	5712	6292			

由以上可以得出, CGMA 输出的静态预紧力具有磁滞非线性, 输出力最大值可达 8200N, 当线圈电流为 5A 时, 输出力超过 2504 系列滚珠丝杠副最大轴向负载的三分之一, 满足系统预紧力设计的预期目标要求。由图 4-15 可看出, 在 2~5A 区间内, 输出力曲线的线性度好、稳定性好, 可选取作为预紧力调整的工作区间。比较 CGMA 的静态输出位移与输出力曲线, 发现其

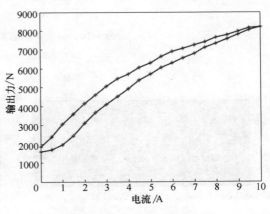

图 4-15 静态预紧力输出特性

线性工作区间的电流范围有差别, 滚珠丝杠副系统预紧力改变 CGMA 的预压力是

影响线性工作区变化的主要原因。

4.2.3 CGMA 的动态输出特性

为研究 CGMA 的动态输出特性，分析偏磁施加的有效性，讨论丝杠对 CGMA 动态性能的影响，分别在不同条件下对驱动线圈施加同频率正弦交流信号。在实际工作过程中，滚珠丝杠副预紧力对调整速度要求相对较低，以下正弦输入信号只考虑低频情况。

图 4-16 和图 4-17 分别显示了偏磁对动态输出位移和输出力的影响。图 4-16 中驱动线圈输入正弦电流的幅值为 2A、频率为 10Hz，图 4-17 中电流的幅值为 3A、频率为 10Hz，图中横坐标为时间，纵坐标为与输出位移、输出力成正比的电压值。相同时间内，无偏磁作用下输出量的频率是永磁偏置的 2 倍，施加偏置磁场有效消除了倍频现象。因为传感器测量原理不同，输出位移与输出力反相，将位移反相后，变化趋势与输出力相同。图 4-17b 中输出正弦信号的正、负半波不对称。分析图 4-12 可知，CGMM 特性曲线斜率变化较大，偏磁点离转折点较近；对比图 4-17a 和 b，半波与全波输出的变化量接近，也由偏磁点位置引起。

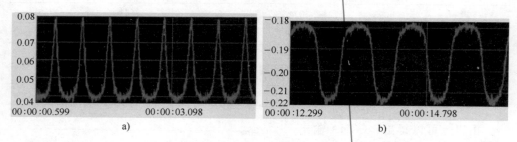

图 4-16　偏磁对动态输出位移影响

a）无偏磁　b）偏磁

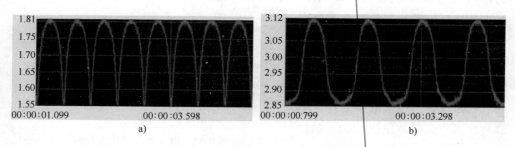

图 4-17　偏磁对输出力影响

a）无偏磁　b）偏磁

　　保持预压应力不变，分别对 CGMA 的电磁线圈施加 1.5A、2A、2.5A、3A 偏磁电流，在各偏磁电流上叠加幅值为 1A、频率为 10Hz 的驱动电流，以偏磁电流下 CGMA 的输出位移为相对零点，测量获得不同偏磁作用下 CGMA 的输出位移特性，

如图 4-18 所示，图中纵轴坐标为与输出位移成正比的电压值。由图 4-18 可知，CGMA 的输出位移未出现倍频效应，且随电磁线圈偏置电流的增大，正弦交流输出位移幅值减小，原因是随偏置电流增大驱动电流所处于的 CGMM 磁致伸缩应变曲线的斜率逐渐减小，此结果与图 4-12 静态输出特性结果一致。

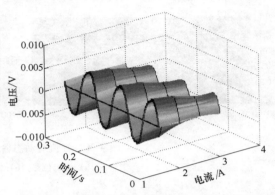

图 4-18　施加偏磁大小对动态输出位移影响

　　图 4-19 显示了 CGMA 在空心和穿过丝杠杆件两种情况下的动态位移输出。正弦输入电流频率同为 10Hz，幅值分别为 2A、3A。由图 4-19 可知，穿入丝杠后，正弦输出的正、负半波更加对称，丝杠改变 CGMA 偏置磁场，使偏磁点远离转折点，进入线性度较高的区间；在 3A 电流（穿入丝杠）与 2A 电流（空心）作用下，输出信号幅值变化量接近，说明丝杠可减小 CGMA 内部磁场。

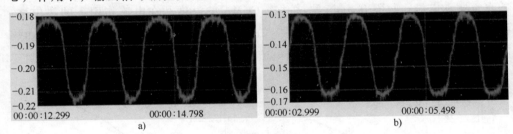

图 4-19　丝杠对动态输出位移影响

a）空心　b）穿入丝杠

　　增加输入电流，分别观察电流幅值在 1A、2A、3A、4A、5A 及 6A 作用下输出位移与输出力的波形变化。电流在 4A 左右时开始失真，变化至 6A 时，输出波形出现明显缺口，如图 4-20 所示。偏置磁场使 CGMA 存在初始变形量，负向驱动电流产生的反向磁场逐渐抵消偏置磁场，减小变形量；当复合磁场为零时，CGMA 伸长消失；继续增加反向磁场，CGMA 再次伸长；当处于电流反向峰值时，反向磁场产生的变形最大，即图 4-20a 中缺口的最低点；随着反向磁场减小变形缩小至零，

继续减小反向磁场，复合后的正向磁场逐渐增大，再次产生增加伸长变形。偏置磁场不足够大，CGMM 在正向与反向磁场中都处于伸长状态，是造成缺口现象产生的原因。

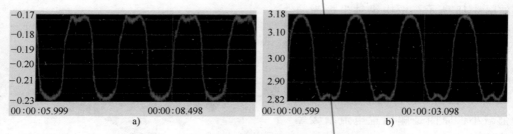

图 4-20 幅值对动态输出特性影响

a）输出位移 b）输出力

4.3 超磁致伸缩预紧系统的热特性分析

4.3.1 自然对流时的测量结果分析

为研究在自然对流条件下 CGMA 的热特性，对其施加幅值分别为 3A、4A、5A的直流驱动电流，每隔 0.5min 测试一次 CGMA 的温度和在电流作用下的热位移，按测试数据绘制的曲线如图 4-21 所示。在自然对流条件下，CGMA 的温度值和热膨胀位移随时间的增加继续升高，随电流幅值不断增加，温度与热位移随时间变

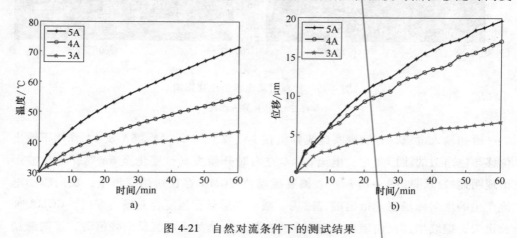

图 4-21 自然对流条件下的测试结果

a）温度变化 b）热位移变化

化增加越快；当驱动电流为 3A 并保持 60min，CGMA 趋于热稳态，稳定时的温度值为 43.6℃，与图 3-40a 中仿真数值 46.01℃相差不大；当驱动电流为 5A 保持60min，CGMA 的温度值超过 70℃，热位移大于 19μm。比较图 4-21a 和图 4-21b 也可看出，热位移与温升变化趋势相同但不成正比，主要原因是温升不但使 CGMA的热膨胀位移增加，也会引起磁致伸缩位移的变化。

为研究温度对 CGMA 磁致伸缩输出特性的作用，设计了不同温度下 CGMA 的磁致伸缩位移实验。图 4-22a 所示为自然对流条件下电流由 0A 到 5A 循环变化，工作初始温度分别为 33.5℃、43.5℃和 53.5℃时 CGMA 磁致伸缩位移 Y1、Y2 和 Y3的变化情况；图 4-22b 所示为电流升程和回程过程中不同温度下磁致伸缩位移的误差变化。根据图 4-22a 可以看出，当温度值增加，同一电流作用下 CGMA 的磁致伸缩输出位移变大，温度每增加 10℃，整条输出位移曲线向上移动，但输出特性一致；由图 4-22b 可知，相同温差情况下，CGMA 输出的磁致伸缩位移差值变化不一致，结果进一步表明温升同时影响热膨胀位移和磁致伸缩位移。

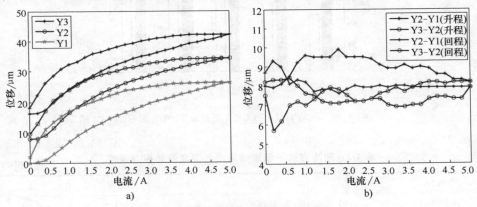

图 4-22　温度对 CGMA 磁致伸缩位移的影响
a）位移变化　b）误差变化

由以上测试结果可知，自然散热时，CGMA 长时间工作在 5A 电流的作用下，其温度可达 70℃，该结果与仿真结果一致，温升不仅带来热膨胀位移误差，而且引起材料的磁致伸缩系数变化使输出改变；此外，应用时温升还会造成双螺母滚珠丝杠副动静态性能下降，因此，采取强制冷却措施以降低温度对 CGMA 输出特性的影响十分必要。

4.3.2　油冷时的测量结果分析

根据热路模型结合有限元分析方法得出，若冷却油的流速为 50L/min，稳态油温控制在 43.5℃左右时，CGMA 工作在 40~50℃区间内，其磁致伸缩系数变化较小，工作较为稳定。结合 CGMA 的应用场合，温控系统采用直接冷却驱动线圈的油冷方式，为验证温控系统参数优化方法的合理性，分别施加 3A、4A、5A 的驱动电流，热平衡状态下 CGMA 温度仿真值与测量值如图 4-23 所示，其相对误差见表 4-2。可以看出，油冷方式下温度测量值与仿真值符合程度好，在不同电流作用下其相对误差小于 5%，且冷却后 CGMA 温度在 40~50℃之间，处于稳定工作温度范围。但两者仍存在一定误差，主要因为仿真分析时忽略了螺钉、碟形弹簧等散热元件的影响，稳态时温度仿真值总体高于测量值。

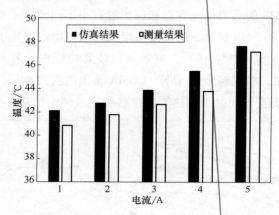

图 4-23　油冷方式下 CGMA 温度仿真值与测量值

表 4-2　油冷方式下温度仿真值与测量值的相对误差

电流/A	1	2	3	4	5
误差(%)	2.91	2.35	2.73	3.82	1.01

当电流在 0~3A、0~4A 及 0~5A 三个范围内循环变化，分别测量 CGMA 在自然对流与循环油冷热平衡状态时的磁致伸缩位移，结果如图 4-24 所示。图 4-24a 显示，自然对流时 CGMA 的磁致伸缩特性与磁滞回特性不稳定，在电流升程过程中，三条输出特性曲线不一致，电流回程零点处对应的磁致伸缩位移误差差距较大；图 4-24b 显示，油冷时 CGMA 磁致伸缩输出特性与磁滞回特性稳定，在电流升程过程中，磁致伸缩输出位移曲线基本重合，电流回程零点处磁致伸缩位移误差较小，且一致性好；对比图 4-24a 与图 4-24b，在同一电流作用下自然对流方式下的输出位移大于油冷方式下的输出位移，说明热变形对输出位移影响明显。结果表明，油冷散热可有效减小温升引起的热变形，使 CGMA 输出特性保持稳定。

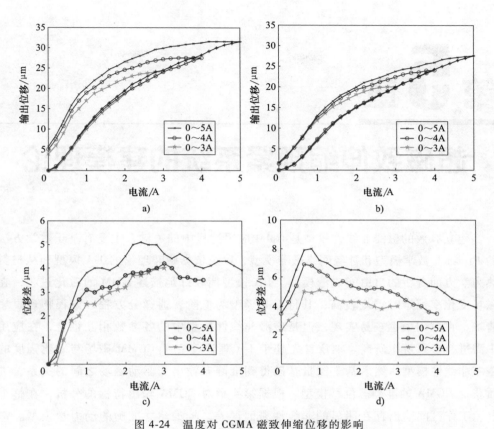

图 4-24   温度对 CGMA 磁致伸缩位移的影响

a) 自然对流   b) 油冷   c) 自然对流与油冷的升程误差   d) 自然对流与油冷的回程误差

实验结果表明，采用直接冷却发热源的油冷方式散热效果明显，基于热路模型与有限元分析结合优化温控系统参数是合理的，优化设计后的温控系统可使自动预紧用 CGMA 工作在理想的温度范围，使其磁致伸缩输出特性保持稳定。

第**5**章

超磁致伸缩预紧系统的建模理论

建立有效的磁滞非线性模型是 GMM 应用过程中的关键，主要有基于数学方法的 Preisach 数学模型和神经网络磁滞模型，以及依据磁畴理论的 J-A 模型和从材料热力学方面分析的自由能磁滞模型。J-A 模型能较好地描述 GMM 的磁化过程，在磁场变化率恒定时精度较高，其特点是模型为低阶普通微分方程，方程物理思想清晰，在应用中也较易实现，但是磁滞非线性模型中的各参数相互耦合，在应用中需进行参数辨识研究。本章首先基于 J-A 理论建立了 CGMM 磁场与磁化强度的磁滞非线性模型，然后基于能量基础得到准静态输出与驱动磁场之间的关系，进而获得 CGMA 的准静态位移模型。根据第 4 章对 CGMA 输出特性的分析，在整个电流工作区间输出存在明显的非线性滞回误差，较难建立准确的动力学模型。本章简化了系统模型，选择线性度较好的区间建模，研究设计参数对动态性能的影响。由于 CGMA 是电-磁-机-热多场耦合的系统，在用于预紧时受各种因素影响参数不稳定，基于 CGMA 的自动预紧系统整体建模困难，传统控制方法难以适应在多变的应用场合中长时间保持良好的控制效果，本章基于数据驱动的无模型自适应控制（Model-Free Adaptive Control，MFAC）算法实现输出跟踪系统控制器设计，对筒状超磁致伸缩自动预紧系统的控制进行了仿真与实验研究。

5.1 超磁致伸缩预紧系统的磁滞建模

根据 4.2 节中的输出特性测试结果，CGMM 内在的磁滞非线性是导致 CGMA 输出呈现磁滞非线性的关键所在，严重影响输出精度，限制 CGMA 的应用和发展。因此，有必要先分析 CGMM 的磁化过程，构建 CGMA 输出的磁滞非线性模型，再进一步深入研究。J-A 模型根据研究磁滞过程的内在机制获得，其物理概念明确，只要测试确定参数，模型基本稳定。因此，根据 J-A 理论完成 CGMA 外加磁场与磁化强度的建模，依据能量原则建立磁致伸缩系数与磁化强度二次畴转模型，但是输出模型中的各参数互相耦合需进行辨识研究。

5.1.1　CGMA 准静态位移模型建立

在已知外加磁场的条件下，磁场强度与磁化强度转换过程如图 5-1 所示，其磁畴理论的 J-A 模型可表示为

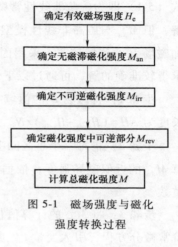

图 5-1　磁场强度与磁化强度转换过程

$$\begin{cases} H_e = H + \alpha' M \\ M_{an} = M_s \left[\coth(H_e/a) - a/H_e \right] \\ \dfrac{\mathrm{d}M_{irr}}{\mathrm{d}H} = \dfrac{M_{an} - M_{irr}}{\delta k' - \alpha'(M_{an} - M_{irr})} \\ M_{rev} = c(M_{an} - M_{irr}) \\ M = M_{irr} + M_{rev} \end{cases} \tag{5-1}$$

式中，α' 为畴壁相互作用系数；a 为无磁滞磁化强度形状系数；M_s 为饱和磁化强度；k' 为不可逆损耗系数；c 为材料可逆系数；H 为外加磁场，当 H 增加时 $\delta = +1$，当 H 减小时 $\delta = -1$。

在式（5-1）中外加磁场 H 的值为线圈驱动电流 I 作用下的励磁磁场，$\alpha'M$ 为材料磁畴间相互作用产生的磁场。

CGMM 的磁致伸缩系数通常用 λ 表示，它的大小等于沿着磁化方向的伸长量 Δl（准静态输出位移）与总长 l 的比值，即 $\lambda = \Delta l/l$。λ 的绝对值与磁场变化成正比，当受到的应力为定值且外加磁场固定时，可采用基于能量基础的模型表达各向同性材料磁致伸缩系数 λ 与磁化强度 M 的近似关系，即

$$\begin{cases} \lambda = \dfrac{3}{2} \dfrac{\lambda_s}{M_s^2} M^2 = \gamma_1 M^2 \\ \Delta l = \lambda l = \gamma_1 M^2 l \end{cases} \tag{5-2}$$

式中，λ_s 为饱和磁致伸缩系数；γ_1 为二次磁致伸缩系数。

式（5-1）和式（5-2）描述了 CGMA 准静态输出与所加磁场之间磁滞非线性模型，根据驱动电流 I 可计算输出端的伸长量。在 CGMA 的准静态位移模型中，需要辨识的参数为 $\theta = \{a, M_s, \alpha', c, k', \gamma_1\}$。

5.1.2 磁滞非线性模型求解

在式（5-1）描述的磁滞非线性模型中，若参数 θ 一定，则 M_{an} 为常数，则式（5-1）即为一阶非线性常微分方程，可根据方程的数值解法（龙格库塔法）求解，但 M_{an} 与磁滞非线性模型其他公式中变量互相耦合，其大小不断变化，若外加磁场 H 的值域较宽，采用固定的 M_{an} 求解，将使计算结果存在较大误差。为了求得较准确的解，可通过以下步骤：

步骤 1：将磁场 H 的值域 $[H_{min}, H_{max}]$ 划分为 N 个较小区间，每个小区间的长度为 $\Delta H = (H_{max} - H_{min})/N$。

步骤 2：将每一个小区间上的左端点 $H_{min} + m(H_{max} - H_{min})/N$ 作为此小区间内计算 M_{an} 的近似磁场强度，依据该值计算出相应的 M_{an}，其中 m 为 $[0, N]$ 之间的整数。

步骤 3：将 M_{an} 的计算值代入式（5-1）中的微分方程，使其为参数固定的一阶常微分方程，引入变量 t 做归一化处理，在小区间内使用标准四级四阶龙格库塔法求得非线性微分方程的数值解。

步骤 4：将求解出小区间磁场强度 M_{an} 对应的 M_{irr} 代入方程组计算总磁化强度 M 的近似值。

步骤 5：判断是否完成对所有区间的求解，如果没有完成改变循环变量继续下一区间求解。

在实际应用中，四级四阶龙格库塔法的精度已经达到大多数情况的精度要求，因此被广泛应用。求解计算过程见式（5-3）~式（5-5），也就是在区间 $[x_n, x_n + h]$ 上用 $y(x_n)$（即 y_n 值）预测 $y(x_n + h)$（即 y_{n+1} 的值），其中 h 为步长。微分方程及初值可表示为

$$
\begin{cases}
\dfrac{dy}{dx} = f(x, y) \\[2mm]
y(x_0) = y_0
\end{cases}
\tag{5-3}
$$

则 y_{n+1} 的值为

$$
y_{n+1} = y_n + \frac{1}{6}(K_1 + 2K_2 + 2K_3 + K_4)
\tag{5-4}
$$

式（5-4）中的参数为

$$\begin{cases} K_1 = hf(x_n, y_n) \\ K_2 = hf\left(x_n + \dfrac{1}{2}h, y_n + \dfrac{1}{2}K_1\right) \\ K_3 = hf\left(x_n + \dfrac{1}{2}h, y_n + \dfrac{1}{2}K_2\right) \\ K_4 = hf(x_n + h, y_n + K_3) \end{cases} \tag{5-5}$$

用龙格库塔法对 CGMA 磁滞非线性模型中的一阶非线性方程进行求解时，微分方程及初值可表示为

$$\begin{cases} \dfrac{\mathrm{d}M_{\mathrm{irr}}}{\mathrm{d}H} = \dfrac{M_{\mathrm{an}} - M_{\mathrm{irr}}}{\delta k' - \alpha'(M_{\mathrm{an}} - M_{\mathrm{irr}})} \\ M_{\mathrm{irr}}(H = 0) = 0 \end{cases} \tag{5-6}$$

为保证使用龙格库塔法求解过程中的收敛性，步长 h 的值应在 $0 \sim 1$ 之间，若直接在区间长度为 $\Delta H = (H_{\max} - H_{\min})/N$ 的范围内使用龙格库塔法对式（5-6）中的微分方程求解，不能保证步长在 $0 \sim 1$ 之间，因此需要引入变量 t 对原变量磁场强度 H 做归一化处理。其转换过程为

$$t = \frac{H}{\Delta H} = \frac{HN}{H_{\max} - H_{\min}}, \quad H \in (0, \Delta H) \tag{5-7}$$

则

$$\frac{\mathrm{d}t}{\mathrm{d}H} = \frac{N}{H_{\max} - H_{\min}} \tag{5-8}$$

又

$$\frac{\mathrm{d}M_{\mathrm{irr}}}{\mathrm{d}H} = \frac{\mathrm{d}M_{\mathrm{irr}}}{\mathrm{d}t} \frac{\mathrm{d}t}{\mathrm{d}H} \tag{5-9}$$

由式（5-6）~式（5-9）可以推导出，在做归一化处理后，微分方程及初值可表示为

$$\begin{cases} \dfrac{\mathrm{d}M_{\mathrm{irr}}}{\mathrm{d}t} = \dfrac{M_{\mathrm{an}} - M_{\mathrm{irr}}}{\delta k' - \alpha'(M_{\mathrm{an}} - M_{\mathrm{irr}})} \dfrac{H_{\max} - H_{\min}}{N} \\ M_{\mathrm{irr}}(t = 0) = 0 \end{cases} \tag{5-10}$$

由以上可知，在循环的过程中每个小区间的初值是要不断变化的。在非线性模型求解过程中将磁场划分为 N 个较小区间，在每个小区间使用龙格库塔法，且变量和初值都要随之更新，经 N 次循环后即可得到离散磁场点 N 对应的磁化强度值。

5.2 超磁致伸缩预紧系统的参数辨识

5.2.1 基于差分进化算法的模型参数辨识

1. CGMA 模型参数辨识原理

CGMA 模型参数辨识是基于大量的测量数据和建立的理论模型来求取一组参数值，使得由预估理论模型计算得到数据能最好地拟合测量数据，从而确定适合实际过程的准确的理论模型。基于差分进化算法的 CGMA 模型参数辨识的原理如图 5-2 所示。首先给定模型参数 $\theta = \{a, M_s, \alpha', c, k', \gamma_1\}$ 中各参数的取值范围，在该范围内随机选取一组 θ 确定预估模型，根据输入励磁电流计算理论位移 $\Delta\hat{l}(\theta, k)$，然后在相同的励磁下测量 CGMA 系统实际输出位移 $\Delta l(k)$，计算出两者的误差 $e(\theta, k)$，最后根据误差目标函数值通过差分进化算法修正模型参数产生新的 θ。重复以上过程使误差目标函数值不断减小，直到满足精度要求，此时辨识出来的参数 θ 近似为实际模型参数值。参数辨识过程中所用误差目标函数为

$$
\begin{cases}
E(\theta) = \dfrac{1}{N} \displaystyle\sum_{n=1}^{N} \left[\Delta l(n) - \Delta\hat{l}(n,\theta) \right]^2 \\
d_j \leqslant \theta_j \leqslant b_j, j = 1,2,3,\cdots,6
\end{cases}
\tag{5-11}
$$

式中，n 为测量次数；Δl 为 CGMA 的位移测量值；$\Delta\hat{l}$ 为模型参数为 θ 时 CGMA 的理论位移计算值；θ_j 为模型参数的第 j 个参数；d_j，b_j 为 θ_j 的上限和下限；N 为测量总次数。

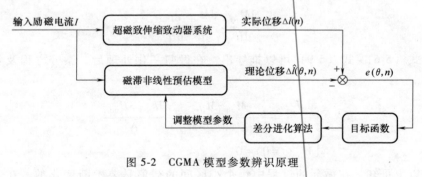

图 5-2 CGMA 模型参数辨识原理

2. 差分进化算法辨识流程

差分进化算法是由 Rainer Storn 和 Kenneth Price 提出的一种基于种群的启发式全局寻优算法。它采用实数编码，其可调参数少、鲁棒性强、简单易用、收敛速

度快、易于实现并行计算，适合于解决复杂环境中的优化问题。标准差分进化算法主要包括以下 4 个步骤。

步骤 1：生成初始群体。在可行解空间里按式（5-12）随机生成初始化种群。

$$x_{ij}(0) = \mathrm{rand}l_{ij}(x_{ij}^U - x_{ij}^L) + x_{ij}^L, i = 1, 2, \cdots, \mathrm{NP}, j \in [1, D] \quad (5\text{-}12)$$

式中，D 为问题的维数；NP 为种群规模；x_{ij}^U 和 x_{ij}^L 表示第 j 个染色体的上限和下限；$\mathrm{rand}l_{ij}$ 表示 [0，1] 范围内的任意小数。

步骤 2：变异操作。从群体中随机选择 3 个个体 x_{p_1}，x_{p_2}，x_{p_3}，且 $i \neq p_1 \neq p_2 \neq p_3$，则基本的变异操作为

$$h_{ij}(t+1) = x_{p_1 j}(t) + F(x_{p_2 j}(t) - x_{p_3 j}(t)) \quad (5\text{-}13)$$

式中，$x_{p_2 j}(t) - x_{p_3 j}(t)$ 为差异化变量，此差分操作是算法的关键；F 为变异因子；p_1、p_2、p_3 代表种群中个体的标号。在无局部优化问题的情况下，为加快收敛速度 $x_{p_j}(t)$ 可借鉴当前代中最好的个体 $x_{xj}(t)$，即

$$h_{ij}(t+1) = x_{bj}(t) + F(x_{p_2 j}(t) - x_{p_3 j}(t)) \quad (5\text{-}14)$$

步骤 3：交叉操作。该项操作的目的是使群体更加多样，过程为

$$v_{ij}(t+1) = \begin{cases} h_{ij}(t+1), \mathrm{rand}l_{ij} \leq \mathrm{CR} \\ x_{ij}(t), \mathrm{rand}l_{ij} > \mathrm{CR} \end{cases} \quad (5\text{-}15)$$

式中，$\mathrm{rand}l_{ij}$ 为 [0，1] 之间的随机小数；$\mathrm{CR} \in [0，1]$ 为交叉概率。

步骤 4：选择操作。为了确定 $x_i(t)$ 能否作为群体中的下一代成员，对比实验向量 $v_i(t+1)$ 和目标向量 $x_i(t)$ 两者的评价函数值，若实验向量 $v_i(t+1)$ 的评价函数值小于目标向量 $x_i(t)$ 时则实验向量被选为子代，否则目标向量选为子代，即

$$x_i(t+1) = \begin{cases} v_i(t+1), f(v_{i1}(t+1), \cdots, v_{in}(t+1)) < f(x_{i1}(t), \cdots, x_{in}(t)) \\ x_{ij}(t), f(v_{i1}(t+1), \cdots, v_{in}(t+1)) \geq f(x_{i1}(t), \cdots, x_{in}(t)) \end{cases} \quad (5\text{-}16)$$

式中，f 为评价函数；$f(v_i(t+1))$ 为实验向量对应的评价函数值。

本书结合参数辨识和差分进化算法的基本思想对 CGMA 准静态位移模型的参数 $\theta = \{a, M_s, \alpha', c, k', \gamma_1\}$ 进行辨识，辨识算法实现的流程如图 5-3 所示，其基本步骤为

步骤 1：确定要辨识模型参数 θ 的搜索范围，对差分进化算法的种群规模、迭代次数、变异因子、交叉因子赋初值。

步骤 2：根据式（5-12）和种群规模产生 θ 中 6 个参数 a、M_s、α'、c、k' 和 γ_1 的初始群体。

步骤 3：通过式（5-11）计算得到种群中每一个个体的适应度值，并确定当前代中最好的个体 BestS。

步骤 4：采用 Price 和 Storn 提出的 DE/best/1 变异策略，根据式（5-14）完成变异，得到第 $t+1$ 代的变异个体 $h_{ij}(t+1)$。

步骤 5：根据式（5-15）由当前代个体 $x_{ij}(t)$ 和变异个体 $h_{ij}(t+1)$ 进行交叉操作，得到新个体 $\nu_{ij}(t+1)$。

步骤 6：根据式（5-16）利用贪婪竞争机制进行选择操作，选择能够保留到下一代的优良个体 $x_{ij}(t+1)$。

步骤 7：算出第 i 个个体的适应度值，将其与个体 BestS 的适应度比较，根据适应度最优原则更新最好个体 BestS。

步骤 8：判断当前的迭代次数是否已达到最大值，如果已经达到，停止对模型参数 θ 的搜索，输出 BestS 作为辨识参数 θ，否则转到步骤 4 重复上述操作。

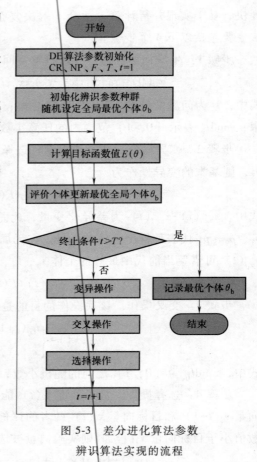

图 5-3 差分进化算法参数辨识算法实现的流程

5.2.2 参数辨识及实验研究

辨识实验数据采集过程以 2A 作为最大电流 $I_{\max}$，以 0A 作为最小电流 $I_{\min}$，重复测量电流由最小值 $I_{\min}$ 增加到最大值 $I_{\max}$ 的数据，共循环采集 10 组；电源控制与数据采集界面采用 C++编程实现，电流变化步长为 0.02A，变化频率为 1Hz，数据采集速率为 63 位/s，即同一电流作用下采集输出位移值 63 次，因此，单次共采集数据量为 6300。在参数辨识过程中，对同一电流作用下的 63 个输出位移数据取平均值作为电流对应的输出，可以得到单次用于辨识的输入-输出数据共 100 组。

初始化种群规模为 100，总迭代次数为 500，误差目标函数见式（5-11），以测量获得的 200 组数据作为样本数据，分别用遗传、粒子群及差分进化算法对 CGMA 系统的参数进行辨识，其中，遗传算法的交叉概率 $P_c = 0.8$，变异概率 $P_m = 0.1$；粒子群算法的学习因子 $c_1 = 1.3$、$c_2 = 1.7$，惯性权重系数采用从 $w_{\max} = 0.9$ 逐渐递减到 $w_{\min} = 0.1$ 的时变权重；差分进化算法的变异操作因子 $F = 0.8$，交叉操作因子

CR = 0.9。随机重复辨识 5 次，参数辨识进化过程如图 5-4~图 5-6 所示，辨识结果见表 5-1~表 5-3。

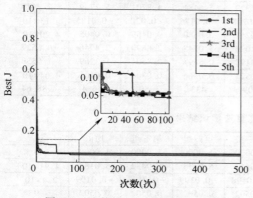

图 5-4　遗传算法辨识进化过程

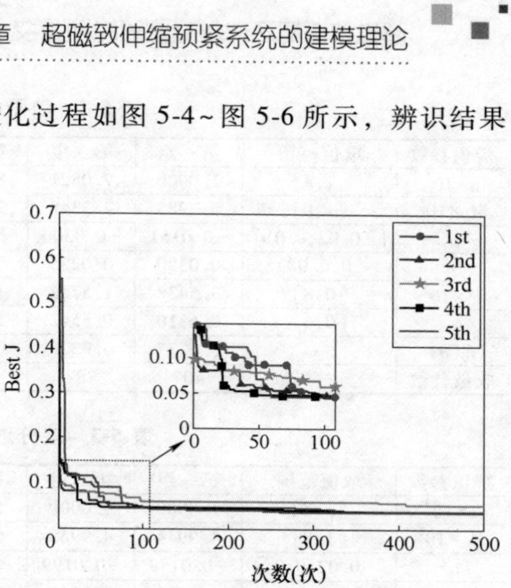

图 5-5　粒子群算法辨识进化过程

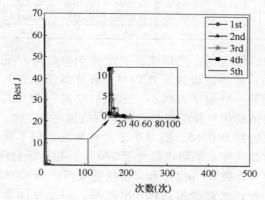

图 5-6　差分进化算法辨识进化过程

表 5-1　遗传算法辨识结果

辨识参数	取值范围	第一组	第二组	第三组	第四组	第五组	均值	方差
$a \times 10^3$	$[1,8]$	1.6089	1.0000	1.5132	1.5200	1.8895	1.5064	0.0588
$M_s \times 10^5$	$[1,8]$	2.3138	5.8028	2.1017	2.7928	4.2845	3.4591	0.8631
α'	$[-0.02, 0.01]$	-0.0106	-0.0170	-0.0100	-0.0099	-0.0036	-0.0101	1.98×10^{-5}
c	$[0, 0.08]$	0.0139	0.0615	0.0204	0.0313	0.0481	0.0351	1.71×10^{-4}
$k' \times 10^3$	$[0,8]$	7.1720	3.1050	7.5894	7.2609	7.8279	6.5911	1.1221
γ_1	$[0,6]$	4.8035	0.6268	5.9062	3.3196	1.4663	3.2245	2.9966
$E(\theta)$	—	0.0581	0.0448	0.0572	0.0548	0.0568	0.0543	2.39×10^{-5}
收敛代数	—	159	186	139	64	183	146.2	1982.2

表 5-2　粒子群算法辨识结果

辨识参数	取值范围	第一组	第二组	第三组	第四组	第五组	均值	方差
$a \times 10^3$	[1,8]	1.0000	7.0821	8.0000	1.1369	1.4853	3.7409	9.3584
$M_s \times 10^5$	[1,8]	5.7985	7.3348	2.7329	5.6481	4.8701	5.2769	2.2449
α'	[-0.02,0.01]	-0.0151	-0.0200	-0.0200	-0.0176	-0.020	-0.0185	4.13×10^{-6}
c	[0,0.08]	0.0390	0.0235	0.0251	0.0680	0.0469	0.0405	4.20×10^{-4}
$k' \times 10^3$	[0,8]	3.5438	1.5759	1.4098	3.0748	2.8690	2.4946	0.6527
γ_1	[0,6]	0.6310	0.5542	3.9198	0.6691	0.8604	1.3269	1.6530
$E(\theta)$	—	0.0377	0.0370	0.0528	0.0366	0.0366	0.0401	4.04×10^{-5}
收敛代数		407	383	409	433	350	396.4	788.64

表 5-3　差分进化算法辨识结果

辨识参数	取值范围	第一组	第二组	第三组	第四组	第五组	均值	方差
$a \times 10^3$	[1,8]	1.0000	1.0000	1.0000	1.0000	1.0000	1.0000	0
$M_s \times 10^5$	[1,8]	4.9944	4.9968	5.0462	5.0133	5.0432	5.0188	4.91×10^{-4}
α'	[-0.02,0.01]	-0.0199	-0.0199	-0.0198	-0.0199	-0.0198	-0.0199	2.4×10^{-9}
c	[0,0.08]	0.0502	0.0502	0.0502	0.0502	0.0502	0.0502	0
$k' \times 10^3$	[0,8]	2.7152	2.7152	2.7152	2.7152	2.7152	2.7152	0
γ_1	[0,6]	0.8109	0.8102	0.7944	0.8048	0.7953	0.8031	5.01×10^{-5}
$E(\theta)$	—	0.0359	0.0359	0.0359	0.0359	0.0359	0.0359	0
收敛代数	—	76	157	63	127	128	110.2	1237.4

　　进化过程与辨识结果表明，采用遗传算法辨识参数时，五次误差目标函数值最终收敛的数值不同，最小值收敛到 0.0448，程序继续运行过程中，目标函数值容易出现快速收敛到某一数值不再减小，出现"早熟"现象，算法陷入局部收敛状态，且收敛到稳定值的代数差距较大，其平均值超过 140 次。粒子群算法的误差目标函数值最小值收敛到 0.0366，明显小于遗传算法，但不能进一步收敛到更精确的目标值，其收敛速度慢，平均代数大于 390 次。相比于前两种辨识算法，差分进化算法参数辨识中，参数 a、α'、c 和 k' 多次重复辨识结果的方差值几乎为 0，参数变化稳定，重复性好；大约经过迭代 100 次后，误差目标值收敛到 0.0359，其值相对较小，收敛速度快，能够获得精确度较高的辨识参数；且多次辨识的误差目标值相同，辨识过程相对稳定，算法具有较强的全局收敛能力，不易陷入局部最优。为了进一步验证差分进化算法的稳定性和重复性，采用表 5-3 中差分进化算法辨识出的四组不同的参数分别计算 CGMA 的输出位移，电流-位移特性曲线如图 5-7 所示。结果显示，用四组参数计算得到的 CGMA 的输出位移基本相同，误差小、吻合程度高，该算法具有较好的重复性和稳定性。

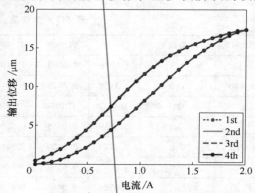

图 5-7　电流-位移特性曲线

为了验证采用差分进化算法对 CGMA 进行参数辨识的精度，分别将遗传算法、粒子群算法、差分进化算法最小误差目标值对应的辨识参数结果（见表 5-1～表 5-3）代入式（5-1）～式（5-2）中，计算 CGMA 的输出位移，并与测量结果进行比较，如图 5-8 所示，计算结果与测量结果之间的误差分布如图 5-9 所示，差分进化算法辨识参数的计算结果与测量结果基本重合，粒子群次之，遗传算法辨识参数计算结果与测量值之间的误差最大，其平均相对误差分别为 8.361%、6.879% 和 6.157%。结果表明，差分进化算法辨识结果精度明显高于另外两种算法，代入辨识参数的模型理论值与实验结果符合程度高。

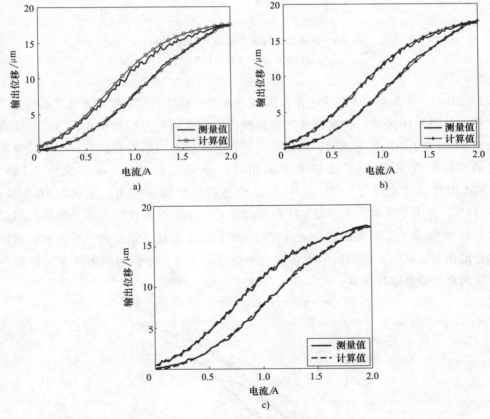

图 5-8　计算结果与测量结果比较

a）遗传算法　b）粒子群算法　c）差分进化算法

分别用表 5-3 中四次辨识获得的参数计算电流由 0A 以 0.02A 等步长变化到 2A 的 CGMA 输出位移，与测量值进行比较，其平均相对误差分别为 6.157%、6.157%、6.158%、6.161%；同时，选取误差目标值最小的一组参数计算 0～

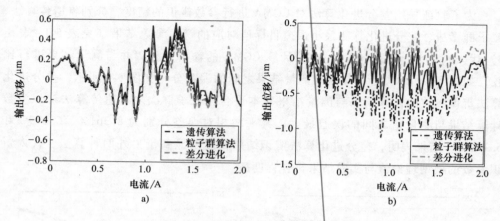

图 5-9　计算结果与测量结果之间的误差分布

a）升程误差　b）回程误差

1.2A、0~1.6A 及 0~2A 三个电流范围 CGMA 的位移并与相同变化电流下的测量值比较，如图 5-10 所示，仿真曲线与实验数据拟合曲线符合程度很高。另外，任意选取 12 组大小不同的电流值，利用差分进化算法辨识出的参数进行计算，位移测量值与计算值见表 5-4，比较表中的相对误差可以看出，当电流值为 0.28A、0.32A 时模型理论值与 CGMA 实际输出位移的相对误差较大，分别为 10.57%、10.18%，原因是当电流较小时系统存在的误差对结果影响较大，其余的平均相对误差均在 5% 以内，一致性好。上述实验过程进一步验证了差分进化算法参数辨识的稳定性和重复性，辨识出的参数接近参数的真实值，在相同的条件下可以作为有效的模型参数进行计算。

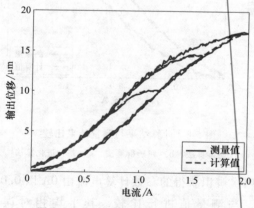

图 5-10　计算结果与测量结果比较

表 5-4　位移测量值与计算值

电流/A	位移测量值/μm	位移计算值/μm	相对误差
0.28	0.85	0.76	10.57%
0.58	2.87	2.99	3.89%
0.86	5.89	6.02	2.14%
1.16	9.77	9.75	1.58%
1.48	13.34	13.51	1.32%
1.76	16.10	16.03	0.44%
2	17.32	17.36	0.23%
1.72	16.41	16.46	0.28%
1.42	15.17	14.98	1.19%
1.12	12.17	12.58	3.37%
0.82	9.05	8.87	2.02%
0.32	2.39	2.64	10.18%

采用差分进化算法完成对 CGMA 准静态输出位移模型的参数进行辨识，迭代过程与辨识结果表明该方法明显优于遗传算法和粒子群算法，提高了非线性系统参数辨识的收敛速度，避免陷入局部最优。该算法本身可调整参数少，且参数设置对辨识结果影响不明显；另外，利用差分进化算法对 CGMA 的参数进行辨识时，只需测量 CGMA 系统的输入电流和输出位移。采用 CGMA 辨识系统对非线性系统参数辨识进行了仿真与实验研究，经过多次运算，结果表明利用差分进化算法进行参数辨识具有较好的稳定性和重复性；试验验证结果证明辨识后模型的理论计算值与 CGMA 实际测量值的相对误差小于 6.2%，符合程度高，表明该参数辨识算法是有效的。因此，差分进化算法用于 CGMA 系统非线性模型参数辨识是稳定可靠的，在利用超磁致伸缩材料实现滚珠丝杠预紧力调整及相关工程应用方面具有重要价值。

5.3　超磁致伸缩结构的力学分析与系统线性区建模

5.3.1　超磁致伸缩结构力学分析

超磁致伸缩结构的动态性能比较复杂，超磁致伸缩结构用于输出滚珠丝杠预紧力时，可将其近似看作为一种准动态结构。

设棒状 GMM 构成的磁致伸缩结构参数见表 5-5。棒状 GMM 的参数见表 5-6。

表 5-5   棒状 GMM 构成的磁致伸缩结构参数

参数名称	字母表示	对象
线圈匝数	N	线圈
线圈长度	l_{coil}	线圈
输入电流	I	线圈
等效阻尼系数	C_1	负载
等效质量	M_1	负载
等效刚度系数	K_1	负载
输出力	F_A	超磁致伸缩结构

表 5-6   棒状 GMM 的参数

参数名称	字母表示
棒状 GMM 直径	d
棒状 GMM 长度	l_{rod}
横截面积	A_{rod}
内阻尼系数	C_D
密度	ρ
等效刚度系数	K_{rod}
等效阻尼系数	C_{rod}
等效质量	M_{rod}
磁致伸缩应变	λ
输出力	F
输出位移	y
预压应力	σ_0
负载	F_1

在施压连接工作条件下，超磁致伸缩结构以及 GMM 的负载（包括碟形弹簧、输出杆、负载）可以看作为一个质量-弹簧-阻尼负载，如图 5-11 所示。在总的运动过程中 GMM 一端的位移保持为零，另一端与负载保持同样的位移 y，速度 $\dot{y}$ 和加速度 $\ddot{y}$。σ_0 是碟形弹簧给 GMM 所施加的预压应力。通过结构动力学分析，建立超磁致伸缩结构的力学等效模型如图 5-11 所示。

GMM 可以看作为一个在长度方向上的单自由度质量-弹簧-阻尼器。其机械模型如图 5-12 所示。

在超磁致伸缩结构中，l_{coil} 略大于 l_{rod}，设定 GMM 的内部磁场强度 H、磁感应强度 B、应变 ε 和应力 σ 是均匀的。ε 是在压磁效应下总的磁滞非线性应变，不考

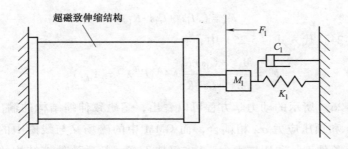

图 5-11　超磁致伸缩结构的力学等效模型

虑诸如涡流、动力学属性、磁场和应力的高阶项因素。

$$F = \sigma A_{\text{rod}} \tag{5-17}$$

$$F_1 = \ddot{y} M_1 + \dot{y} C_1 + y K_1 \tag{5-18}$$

根据牛顿第二定律，GMM 的输出力

$$F = -(F_1 + \sigma_0 A_{\text{rod}}) \tag{5-19}$$

将式（5-17）和式（5-18）代入式（5-19）得

$$\sigma A_{\text{rod}} = -(\ddot{y} M_1 + \dot{y} C_1 + y K_1 + \sigma_0 A_{\text{rod}}) \tag{5-20}$$

考虑 GMM 的质量和阻尼，它的应变可以表示为

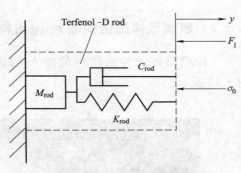

图 5-12　GMM 机械模型

$$\varepsilon = \frac{\sigma}{E^H} + \lambda - \left(\frac{C_{\text{D}}}{E^H}\right) \dot{\varepsilon} - \frac{\rho l_{\text{rod}}^2}{\frac{E^H}{3}} \ddot{\varepsilon} \tag{5-21}$$

$$y = \varepsilon l_{\text{rod}} \tag{5-22}$$

由式（5-20）~ 式（5-22），得到在 λ 和 σ_0 作用下的超磁致伸缩结构的动力学微分方程

$$M\ddot{y} + C\dot{y} + Ky = A_{\text{rod}} E^H \lambda - \sigma_0 A_{\text{rod}} \tag{5-23}$$

其中，$M = M_{\text{rod}} + M_1$，$C = C_{\text{rod}} + C_1$，$K = K_{\text{rod}} + K_1$，$M_{\text{rod}} = \rho l_{\text{rod}} A_{\text{rod}} / 3$，$C_{\text{rod}} = C_{\text{D}} A_{\text{rod}} / l_{\text{rod}}$，$K_{\text{rod}} = A_{\text{rod}} E^H / l_{\text{rod}}$。

对式（5-23）进行拉普拉斯变换，得到超磁致伸缩结构的输出位移

$$y = \frac{1}{Ms^2 + Cs + K}(A_{\text{rod}} E^H \lambda - \sigma_0 A_{\text{rod}}) \tag{5-24}$$

F_A 与 F_1 大小相等，方向相反，即

$$F_A = (M_1 s^2 + C_1 s + K_1) y \tag{5-25}$$

将式（5-24）代入式（5-25）中，有

$$F_A = \frac{M_1 s^2 + C_1 s + K_1}{M s^2 + C s + K}(A_{rod} E^H \lambda - \sigma_0 A_{rod}) \tag{5-26}$$

从式（5-26）所示的动力学方程可以看出，超磁致伸缩结构的输出力 F_A 与磁致伸缩应变 λ 和预压应力 σ_0 相耦合，而 GMM 中的磁场又与线圈中的电流存在耦合。在准动态条件下，预压应力 σ_0 基本保持不变，超磁致伸缩结构的输出位移或输出力与输入电流基本呈线性关系，可以通过改变输入电流的大小而调整输出力的大小。

5.3.2 超磁致伸缩结构输入-输出特性实验

为检验超磁致伸缩结构的输入-输出性能，进行电流-位移实验，实验台如图 5-13 所示。

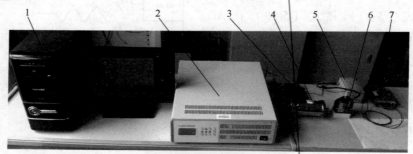

图 5-13 超磁致伸缩结构的位移输出实验台

1—主控计算机 2—数控稳流电源 3—DAQ 4—棒状超磁致伸缩结构 5—CCD 激光位移传感器
6—传感头 7—传感器电源

驱动电源为 YL2410 数控稳流电源，直流输出为双极性输出；最大电流为 ±10A，设置分辨率为 1mA，准确度为设置值的 ±0.2%（±1mA），最大电压为 ±30V，电路响应时间为 1ms，电流过调量为 5%，噪声有效值为 3mA。施加电流为分段线性电流，超磁致伸缩结构的电流-位移关系如图 5-14 所示。

实验结果表明，超磁致伸缩结构在工作电流从 −3~3A 线性变化时，具有最大行程 83.67μm，符合设计要求。

超磁致伸缩结构在不同初始压力下的电流-输出力实验结果如图 5-15 所示，结果表明超磁致伸缩结构在工作电流从 −3~3A 线性变化时，具有最大输出力 1104.5N，符合设计要求。综上所述，通过对该结构的结构参数的设计与优化，使得超磁致伸缩结构的输入输出达到了设计要求。

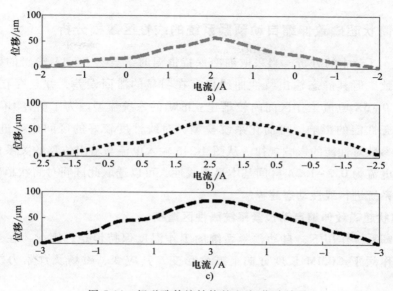

图 5-14 超磁致伸缩结构的电流-位移关系

a) $-2A \rightarrow 2A \rightarrow -2A$ b) $-2.5A \rightarrow 2.5A \rightarrow -2.5A$ c) $-3A \rightarrow 3A \rightarrow -3A$

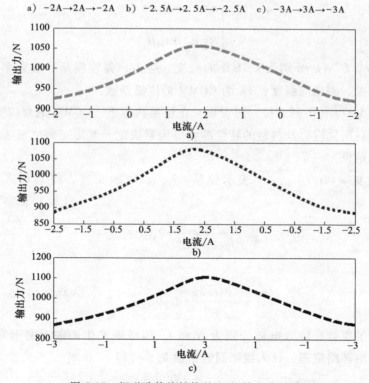

图 5-15 超磁致伸缩结构的电流-输出力关系

a) $-2A \rightarrow 2A \rightarrow -2A$ b) $-2.5A \rightarrow 2.5A \rightarrow -2.5A$ c) $-3A \rightarrow 3A \rightarrow -3A$

5.3.3 筒状超磁致伸缩自动预紧系统的线性区建模分析

根据 4.3 节中的分析，当采取油冷保持恒温时，虽然 CGMA 输出的磁滞回位移误差一致，但其静态输出特性曲线仍存在明显的滞回误差，并且存在非线性，因此，在 0~5A 电流工作区间内较难建立准确的系统模型。为了研究 CGMA 参数对系统动态性能的影响，可简化系统模型，对线性度较好的区间建模进行分析，掌握结构参数对性能的影响规律。从图 4-24b 输入电流与输出位移的关系曲线可以看出，在电流为 0.2~1.2A 区间基本呈现线性，可以选取此区间对筒状超磁致伸缩自动预紧系统进行线性动态建模。

1. 筒状超磁致伸缩自动预紧系统线性区建模

在冷却系统作用下，自动预紧系统的工作温度保持恒定，因此，在预紧力和驱动磁场作用下 CGMM 长度方向上产生形变，其应变、磁场及预紧力之间的关系为

$$\begin{cases} \varepsilon = \dfrac{\sigma}{E^H} + d_{33}H \\ B = d_{33}\sigma + \mu H \end{cases} \tag{5-27}$$

式中，ε、σ、E^H、μ 分别为 CGMM 的应变、应力、弹性模量、磁导率；H、B 分别为磁场强度、磁感应强度；d_{33} 为 CGMM 的压磁系数。

由式（5-27）（压磁方程）可看出，在恒温状态下，CGMM 的总应变主要由磁场强度、材料所受应力及材料的特性参数等因素决定，其形变是电场-磁场-机械场多场耦合的结果。

又因应变 $\varepsilon = y/l_{CGMM}$，y 表示位移，l_{CGMM} 表示长度，将其代入式（5-27）可得

$$\frac{y}{l_{CGMM}} = \frac{\sigma}{E^H} + d_{33}H \tag{5-28}$$

即

$$y = \frac{\sigma l_{CGMM}}{E^H} + d_{33}Hl_{CGMM} \tag{5-29}$$

设线圈的匝数和输入电流分别为 N 和 I，因线圈产生的磁动势分布在 CGMM 上，依据安培环路定理，计入线圈漏磁系数 k_c，可得

$$H = \frac{NI}{l_{CGMM}k_c} \tag{5-30}$$

综合式（5-29）与式（5-30）可得

$$y = \frac{\sigma l_{CGMM}}{E^H} + \frac{d_{33} NI}{k_c} \tag{5-31}$$

本书设计的 CGMA 主要用于双螺母滚珠丝杠副预紧力的自动调整，对致动器工作频率要求不高，在 CGMA 动态建模时，可假定运动过程中 CGMM 一端固定，另一端与输出杆保持相同位移、速度、加速度。CGMM 在线圈电流作用下位移变化为 y，驱动电流产生的作用力为 fq。参照现有文献中棒状 GMA 输出动力学模型，CGMA 动力学模型也可简化为弹簧-阻尼器-质量块模型，计入阻尼和惯性影响，CGMA 的等效模型如图 5-16 所示。图中，K_{CGMM}、C_{CGMM}、M_{CGMM} 分别为 CGMM 棒的等效刚度、阻尼、质量系数；K_1、C_1、M_1 分别为负载的等效刚度、阻尼、质量系数；y、σ_0 分别为 CGMM 的输出力、位移和受到的预应力，f_1 为负载对 CGMM 的作用力。

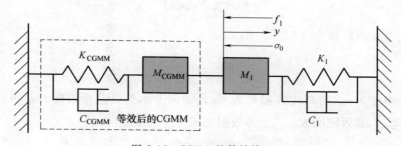

图 5-16　CGMA 的等效模型

若驱动电流是不断变化的，将式（5-31）中的电流常量用变量 i 表示，可得

$$y = \frac{\sigma l_{CGMM}}{E^H} + \frac{d_{33} Ni}{k_c} \tag{5-32}$$

即 CGMM 受到的预应力 σ 为

$$\sigma = \frac{y E^H}{l_{CGMM}} - \frac{d_{33} Ni E^H}{k_c l_{CGMM}} \tag{5-33}$$

则在静态时 CGMM 的输出力 f_c 为

$$f_c = -\sigma A_{CGMM} = \frac{d_{33} N E^H A_{CGMM}}{k_c l_{CGMM}} i - \frac{A_{CGMM} E^H}{l_{CGMM}} y \tag{5-34}$$

式中，A_{CGMM} 为横截面积。

如图 5-17 所示，计入阻尼与惯性影响，则根据牛顿定律可得动态时 CGMM 对外输出力 f 为

$$f = fq - K_{CGMM} y - C_{CGMM} \dot{y} - M_{CGMM} \ddot{y}$$

$$(5\text{-}35)$$

M_{CGMM} 是 CGMM 的等效质量，是对单端固定的 CGMM 在动能相等的条件下，用一点的质量来代替 CGMM 的质量。如图 5-16 所示，将 CGMM 的左端固定，其右端位移为 x，位移在轴向上呈线性分布，对于实际质量为 M 长度为 l_{CGMM} 的 CGMM，其动能 E_K 为

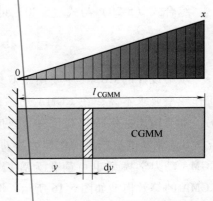

图 5-17 CGMM 的等效质量

$$E_K = \int_0^{l_{CGMM}} \frac{1}{2} \frac{M}{l_{CGMM}} \frac{x^2}{l_{CGMM}^2} \dot{y}^2 \mathrm{d}x \quad (5\text{-}36)$$

以等效质量计算的动能为

$$E_K = \frac{1}{2} M_{CGMM} \dot{y}^2 \qquad (5\text{-}37)$$

由式（5-36）与式（5-37）可得

$$M_{CGMM} = \frac{M}{3} \qquad (5\text{-}38)$$

对于密度为 ρ，材料内部阻尼为 C_D，轴向上承受载荷作用的 CGMM，其等效质量 M_{CGMM}、等效刚度 K_{CGMM}、等效阻尼 C_{CGMM} 分别为

$$M_{CGMM} = \frac{\rho A_{CGMM} l_{CGMM}}{3}, \quad K_{CGMM} = \frac{E^H A_{CGMM}}{l_{CGMM}}, \quad C_{CGMM} = \frac{C_D A_{CGMM}}{l_{CGMM}} \quad (5\text{-}39)$$

CGMM 对外输出力 f_c 推动输出杆、弹簧等负载运动，则

$$f_c = K_1(y + Y) + C_1 \dot{y} + M_1 \ddot{y} \qquad (5\text{-}40)$$

式（5-40）中，Y 为碟形弹簧的初始变形量。由式（5-35）与式（5-40）可得

$$\begin{cases} fq = (K_1 + K_{CGMM}) y + (C_1 + C_{CGMM}) \dot{y} + (M_1 + M_{CGMM}) \ddot{y} \\ y_{(t=0)} = Y \end{cases} \qquad (5\text{-}41)$$

由式（5-41）可知，CGMA 机械系统的共振频率 f_{CGMM} 和等效后二阶系统的阻尼比 ξ 分别为

$$f_{CGMA} = \frac{1}{2\pi} \sqrt{\frac{K_1 + K_{CGMM}}{M_1 + M_{CGMM}}} \qquad (5\text{-}42)$$

$$\xi = \frac{C_1 + C_{CGMM}}{2\sqrt{(M_1 + M_{CGMM})(K_1 + K_{CGMM})}} \qquad (5\text{-}43)$$

又

$$fq = \frac{d_{33}NE^HA_{CGMM}}{k_c l_{CGMM}}i \tag{5-44}$$

将式（5-44）代入式（5-41）可得

$$(K_1+K_{CGMM})y+(C_1+C_{CGMM})\dot{y}+(M_1+M_{CGMM})\ddot{y}=\frac{d_{33}NE^HA_{CGMM}}{k_c l_{CGMM}}i \tag{5-45}$$

对式（5-45）两边进行拉氏变换，可得 CGMA 的输出位移和输入电流的关系为

$$Y(s)=\frac{\dfrac{d_{33}NEA_{CGMM}}{k_c l_{CGMM}}}{(M_1+M_{CGMM})s^2+(C_1+C_{CGMM})s+(K_1+K_{CGMM})}I(s) \tag{5-46}$$

即 CGMA 位移输出的传递函数 $G_D(s)$ 为

$$G_D(s)=\frac{K_1}{M_Z s^2+C_Z s+K_Z} \tag{5-47}$$

式（5-47）中各参数为

$$\begin{cases} K_1=\dfrac{d_{33}NE^HA_{CGMM}}{k_c l_{CGMM}} \\ M_Z=M_1+M_{CGMM} \\ C_Z=C_1+C_{CGMM} \\ K_Z=K_1+K_{CGMM} \end{cases} \tag{5-48}$$

由以上分析可知，CGMM 的等效质量、等效刚度、等效阻尼可由式（5-39）求得。在输出杆、碟形弹簧等负载的等效质量已知的情况下，其刚度与阻尼的大小在机械共振频率与阻尼比可根据式（5-42）和式（5-43）求得，因此需先获取 CGMA 的机械共振频率，本书采用有限元仿真计算通过模态分析求解系统的共振频率。

筒状超磁致伸缩自动预紧系统包含 CGMA 执行系统与电流源驱动系统，即除 CGMA 外还包含数控恒流源，故自动预紧系统的整体建模除 CGMA 输出传递模型外，还需加入数控恒流源的传递模型。数控恒流源的传递模型可简化为具有纯时滞环节的一阶惯性环节，即传递函数模型 $G_1(s)$ 为

$$G_1(s)=\frac{K_2}{T_1 s+1}e^{-\tau s} \tag{5-49}$$

故筒状超磁致伸缩自动预紧系统工作在线性区的传递函数模型 $G_C(s)$ 为

$$G_C(s) = G_D(s) G_I(s) = \frac{K_1 K_2}{(T_1 s + 1)(M_Z s^2 + C_Z s + K_Z)} e^{-\tau s} \tag{5-50}$$

2. 筒状超磁致伸缩自动预紧系统线性区模型参数计算

CGMA 在动力学模型建立时根据其运动特点进行了简化，CGMM 在轴向方向上简化为单自由度的弹簧-阻尼-质量块系统，碟形弹簧、输出杆及负载也简化为弹簧-阻尼-质量块系统，在轴向方向上 CGMM 的一端固定，碟形弹簧与预紧螺母相接触的一端也认为是固定端，因此，在有限元分析时简化后 CGMA 机械系统的三维建模与施加约束如图 5-18 所示。CGMM 的弹性模量为 30GPa，泊松比为 0.44，密度为 9250kg/m^3；输出杆的材料为 45 钢，弹性模量为 210GPa，泊松比为 0.31，密度为 7850kg/m^3；碟形弹簧的材料为 60Si2Mn 弹簧钢，弹性模量为 206GPa，泊松比为 0.31，密度为 7850kg/m^3。在以上条件下对 CGMA 进行模态分析，前 6 阶频率见表 5-7，前 6 阶的振型如图 5-19 所示。由图 5-19 可以看出，第 3 阶的振型为轴向振动，5353.2Hz 为 CGMA 的机械共振频率。

表 5-7　CGMA 简化状态下的前 6 阶频率

阶数 i	1	2	3	4	5	6
频率 f/Hz	3256	3260	5353.2	6678.1	6678.1	6804.6

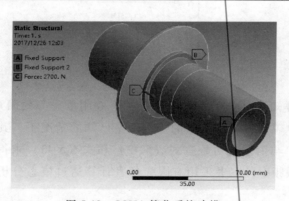

图 5-18　CGMA 简化系统建模

取 CGMM 的参数值 $\rho = 9250$ kg/m^3，$E^H = 3 \times 10^{10}$ N/m^2，$C_D = 3 \times 10^6$ Ns/m^2，CGMA 的相关参数见表 3-3，压磁系数 $d = 20$nA/m，负载的质量 $M_1 = 0.904$kg，线圈漏磁系数 $k_c = 1.11$，根据式（5-39）可确定 $C_{CGMM} = 3.297 \times 10^4$ N·s/m，$K_{CGMM} = 3.297 \times 10^8$ N/m，$M_{CGMM} = 0.085$kg，建立 CGMM 轴向动态系统三维模型由模态分析可得 CGMA 系统的共振频率 $f_{CGMA} = 5353.2$Hz，由式（5-42）可计算负载的等效刚度 $K_1 = 7.8804 \times 10^8$ N/m，又由式（5-43）可获得等效阻尼 $C_1 = 278.2$N·s/m。将各

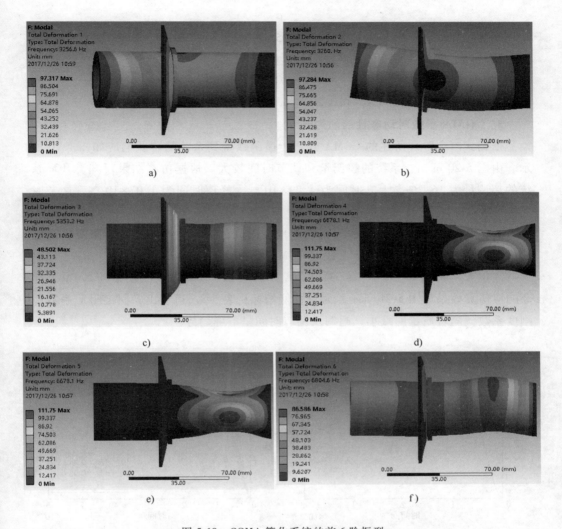

图 5-19 CGMA 简化系统的前 6 阶振型

a）1 阶振型 b）2 阶振型 c）3 阶振型 d）4 阶振型 e）5 阶振型 f）6 阶振型

参数值代入式（5-47）可获得 CGMA 的开环传递函数

$$G_D(s)=\frac{Y(s)}{I(s)}=\frac{6294.3}{0.989s^2+3.3248\times10^4s+11.1774\times10^8} \tag{5-51}$$

由数控恒流源的性能指标参数，结合电源的输出特性，可得电源驱动系统的传递函数为

$$G_{\mathrm{I}}(s) = \frac{1}{0.00058s+1}e^{-0.00086s} \qquad (5\text{-}52)$$

筒状超磁致伸缩自动预紧系统的传递模型为

$$G_{\mathrm{C}}(s) = \frac{6294.3}{0.0005736s^3+20.27s^2+6.815\times10^5 s+11.1774\times10^8}e^{-0.00086s} \qquad (5\text{-}53)$$

3. CGMA 参数对动态性能的影响

依据式（5-51）所述的 CGMA 开环传递函数得到系统的阶跃响应如图 5-20 所示。由图 5-20 可知，系统的超调量和调节时间较大。根据仿真结果可知，开环系统的超调量为 16.3%，上升时间为 4.89×10^{-5} s，峰值时间为 1.07×10^{-4} s，调节时间为 2.4×10^{-4} s。

为了掌握 CGMA 设计参数与其响应性能之间的关系，固定质量、阻尼、刚度其中两个参数，研究另外一个参数对 CGMA 动态性能影响。

固定 $C_{\mathrm{Z}}=3.3248\times10^4\mathrm{N}\cdot\mathrm{s/m}$、$K_{\mathrm{Z}}=11.1774\times10^8\mathrm{N/m}$，改变质量 M_{Z}，系统开环响应仿真效果如图 5-21 所示，时域性能指标见表 5-8。可看出，固定阻尼系数和刚度系数，随着质量的减小，超调及调节时间呈下降趋势。

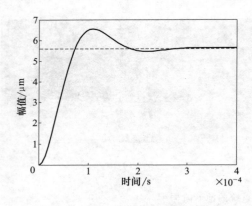

图 5-20　CGMA 开环系统的阶跃响应

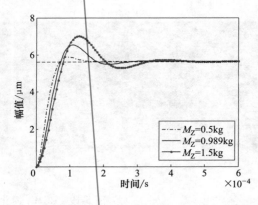

图 5-21　不同质量对响应性能的影响

固定 $M_{\mathrm{Z}}=0.989\mathrm{kg}$、$K_{\mathrm{Z}}=11.1774\times10^8\mathrm{N/m}$，改变阻尼系数 C_{Z}，系统开环响应仿真效果如图 5-22 所示，时域性能指标见表 5-9。可看出，固定质量和刚度系数，随着阻尼的减小，超调及调节时间呈上升趋势。

固定 $M_{\mathrm{Z}}=0.989\mathrm{kg}$、$C_{\mathrm{Z}}=3.3248\times10^4\mathrm{N}\cdot\mathrm{s/m}$，改变刚度系数 K_{Z}，系统开环响应仿真效果如图 5-23 所示，时域性能指标见表 5-10。可看出，固定质量和阻尼系数，刚度减小时超调减小，但调节时间呈增加趋势。

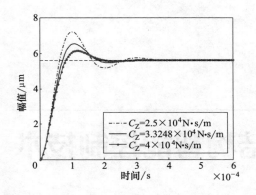

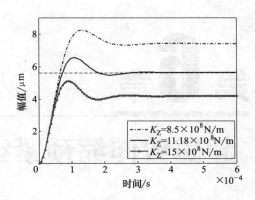

图 5-22 不同阻尼对响应性能的影响　　　图 5-23 不同刚度对响应性能的影响

表 5-8 不同质量下系统的时域性能指标

质量/kg	上升时间 t_r/s	调节时间 t_s/s	超调量 σ(%)
0.5	4.53×10^{-5}	1.26×10^{-4}	4.47
0.989	4.89×10^{-5}	2.4×10^{-4}	16.3
1.5	5.45×10^{-5}	3.08×10^{-4}	24.7

表 5-9 不同阻尼下系统的时域性能指标

阻尼/(N·s/m)	上升时间 t_r/s	调节时间 t_s/s	超调量 σ(%)
2.5×10^4	4.3×10^{-5}	3.15×10^{-4}	28
3.3248×10^4	4.89×10^{-5}	2.4×10^{-4}	16.3
4×10^4	5.55×10^{-5}	1.77×10^{-4}	9.37

表 5-10 不同刚度下系统的时域性能指标

刚度/(N/m)	上升时间 t_r/s	调节时间 t_s/s	超调量 σ(%)
8.5×10^8	6.14×10^{-5}	2.01×10^{-4}	11.1
11.18×10^8	4.89×10^{-5}	2.4×10^{-4}	16.3
15×10^8	$3.9e \times 10^{-5}$	2.15×10^{-4}	22.2

　　从上述 CGMA 设计参数对动态性能的影响分析可看出，CGMA 的结构参数对其动态性能有直接的影响，分析不同参数下开环系统的动态性能，有助于 CGMA 结构的优化设计，进而改善筒状超磁致伸缩自动预紧系统的响应性能。

第 **6** 章

超磁致伸缩预紧结构智能控制技术

由图 4-22 可看出，在 0~5A 整个电流工作区间内，CGMA 的输出特性曲线存在明显的非线性滞回误差，并且受温度等外界因素影响明显，致使在工作区间内较难建立筒状超磁致伸缩自动预紧系统的准确模型，如果采用传统控制策略（PID 控制等）难以实现系统的非线性控制。针对筒状超磁致伸缩自动预紧系统模型不确定，非线性明显，整体建模困难，传统控制精度低的特点，选取基于数据驱动的无模型自适应控制（MFAC）方法实现输出位移的精确控制。为了研究 MFAC 算法在筒状超磁致伸缩自动预紧系统输出精确控制中的有效性，利用 5.1 节中建立的系统简化模型，对线性度较好的区间建模进行仿真分析，初步估计 MFAC 控制器参数的范围；根据仿真分析所得的参数范围，对基于 MFAC 的筒状超磁致伸缩自动预紧控制系统进行实验研究，并与基于 PID 控制的系统作对比分析。

6.1 超磁致伸缩预紧输出跟踪系统控制器设计

为便于工程应用，对 CGMA 的输出位移 y 采用离散化表达形式。当前 k 时刻的输出位移采用 $y(k)$ 表示，$I(k)$ 表示当前时刻 k 的驱动线圈输入电流。由 4.2 节中 CGMA 静态输出特性实验可知，CGMA 输出位移与施加的驱动电流之间的关系是非线性的，可表达为

$$y(k+1) = f(y(k), \cdots, y(k-n_y), I(k), \cdots, I(k-n_u)) \tag{6-1}$$

式中，$I(k) \in \mathbf{R}$，$y(k) \in \mathbf{R}$ 分别为时刻 k 自动预紧系统的输入与输出；未知参数 n_y，n_u 为系统的阶数；$f(x)$ 为未知系统的非线性函数。式（6-1）表示 CGMA 位移输出系统。对于输出位移的精确控制就是通过求取大小适中的 $I(k)$，使输出能够快速、无超调地跟踪到期望值。CGMM 固有的磁滞非线性及 CGMA 复杂的动态性

能，使其难以建立系统的数学模型，即式（6-1）中 $f(x)$ 的准确表达式较难获得，基于数学模型进行系统控制器设计的影响因素多，实现困难。因此，针对 CGMA 系统模型结构受温度、磁场等因素影响变化较大，很难用固定的数学模型表述它的特点，采用 MFAC 方法作为 CGMA 系统输出位移控制算法，根据伪偏导数（PPD）和伪阶数的概念，将超磁致伸缩非线性系统模型转化为紧格式动态线性化模型。根据输入电流与输出位移估计 CGMA 系统的伪偏导数，使 CGMA 系统非线性、结构不确定性的控制得到了很好的解决。

6.1.1　CGMA 系统的紧格式线性化参数模型

假设 1：CGMA 系统［式（6-1）］对某一系统有界的期望输出位移信号 $y^*(k+1)$，存在一个有界的可行控制输入电流信号 $I^*(k)$，控制输入电流，CGMA 的系统输出位移与期望输出位移相等。

假设 2：$f(x)$ 对 CGMA 系统在当前时刻的控制输入电流 $I(k)$ 的偏导数是连续的。

假设 3：除有限时刻点外，CGMA 系统［式（6-1）］满足广义利普希茨条件，即对任意时刻 $k_1 \neq k_2$，k_1，$k_2 \geq 0$ 和 $I(k_1) \neq I(k_2)$，有

$$| y(k_1+1) - y(k_2+1) | \leqslant b | I(k_1) - I(k_2) | \tag{6-2}$$

式中，$b>0$ 是一个常数。

对于受控对象 CGMA 系统，上述三个假设是合理且可接受的。

定理：当 CGMA 非线性系统满足以上三个假设，那么当 $\Delta I(k) \neq 0$ 时，一定存在一个基于伪偏导数（PPD）的时变参数 $\phi(k) \in \mathbf{R}$，使得 CGMA 系统［式（6-1）］可转换为紧格式动态线性化（CFDL）数据模型，即

$$\Delta y(k+1) = \phi(k) \Delta I(k), \quad y(k+1) = y(k) + \phi(k) \Delta I(k) \tag{6-3}$$

式中，$\phi(k)$ 对任意时刻的 k 有界。

6.1.2　CGMA 的无模型自适应控制器设计

为使 CGMA 系统模型［式（6-1）］由动态线性化数据模型［式（6-3）］表示在合理的范围，在控制算法中加入可以调整的参数，用来限制输入电流偏差 $\Delta I(k)$ 的大小。根据最小化加权一步向前预报误差准则函数可以得出

$$J(I(k)) = | y^*(k+1) - y(k+1) |^2 + \lambda | I(k) - I(k-1) |^2 \tag{6-4}$$

式中，$y^*(k+1)$ 为 CGMA 系统期望跟踪的位移信号；λ 为权重系数，$\lambda > 0$，用来限制输入电流 $I(k)$ 的变化。

结合式（6-3）与式（6-4），对输入 $I(k)$ 求导数，并令求导结果等于零，可

得无模型自适应控制算法，即

$$I(k) = I(k-1) + \frac{\rho\phi(k)}{\lambda + |\phi(k)|^2}[y^*(k+1) - y(k)] \tag{6-5}$$

式中，ρ 为步长系数，$\rho \in (0,1]$，可以使得控制算法更具普适性；$\phi(k)$ 为系统的伪偏导数，$\phi(k) \in \mathbf{R}$；λ 为输入电流变化量的惩罚因子，λ 与系统响应性能有关，其数值越小，系统响应越快，但超调量会变大；其数值越大，系统响应变慢，但超调量会变小。

6.1.3 伪偏导数估计算法

为提高参数估计值对不准确采样数据的抗干扰性，考虑如式（6-6）所述伪偏导数（PPD）估计准则函数。

$$J(\hat{\phi}(k)) = |y(k) - y(k-1) - \hat{\phi}(k)\Delta I(k-1)|^2 + \mu|\hat{\phi}(k) - \hat{\phi}(k-1)|^2 \tag{6-6}$$

式中，$\mu > 0$ 为权重系数；$\hat{\phi}(k)$ 为 $\phi(k)$ 的估计值；$\mu|\hat{\phi}(k) - \hat{\phi}(k-1)|^2$ 限制了时变参数 $\hat{\phi}(k)$ 的大小变化。

对式（6-6）关于 $\hat{\phi}(k)$ 求极值，可得伪偏导数（PPD）在线估计算法，即

$$\hat{\phi}(k) = \hat{\phi}(k-1) + \frac{\eta\Delta I(k-1)}{\mu + \Delta I(k-1)^2}[\Delta y(k) - \hat{\phi}(k-1)\Delta I(k-1)] \tag{6-7}$$

式中，η 为步长系数，$\eta \in (0,1]$，可使估计算法具有灵活性强和一般性强的特点。

如果 $|\hat{\phi}(k)| \leqslant \varepsilon$ 或 $|\Delta I(k-1)| \leqslant \varepsilon$ 或 $\mathrm{sign}(\hat{\phi}(k)) \neq \mathrm{sign}(\hat{\phi}(1))$，则

$$\hat{\phi}(k) = \hat{\phi}(1) \tag{6-8}$$

根据控制器的设计过程可看出，MFAC 是依赖于数据驱动的控制算法，与被控对象的数学模型及阶数没有关系，仅决定于受控对象的输入与输出量，与传统的自适应控制方法相比，灵活性大、适应性强，在线仅需要调整一个参数，计算量小、快速性好，方便实现实时控制。CGMA 的 MFAC 系统结构图如图 6-1 所示。

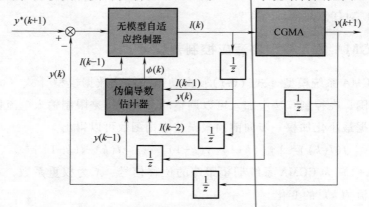

图 6-1　CGMA 的 MFAC 系统结构图

6.2　筒状超磁致伸缩自动预紧系统控制仿真研究

6.2.1　CGMA 的控制仿真分析

仅考虑 CGMA，不计入数控恒流源环节，线性工作区 CGMA 模型的传递函数见式（5-51），其开环系统的阶跃响应如图 5-20 所示，根据仿真结果，CG-MA 输出最终稳定在 $5.6\mu m$，系统的超调较大，为改善系统性能选用 MFAC 策略。在 Matlab 的 Simulink 仿真环境下，采用 MFAC 按图 6-1 组成闭环控制，经反复调整，确定 MFAC 的控制参数为：$\varepsilon = 1\times10^{-7}$、$\mu = 0.9$、$\eta = 0.8$、$\rho = 1.0$，、$\lambda = 9.2\times10^{-9}$，$\phi(k)$ 的初始值设定为 0.9。以幅值为 $5.6\mu m$ 的阶跃信号作为输入，CGMA 开环系统与 MFAC 系统阶跃响应对比如图 6-2 所示。取 $\pm2\%$ 误差带，CGMA 开环系统与 MFAC 系统阶跃响应的时域性能指标见表 6-1。从阶跃响应的对比结果分析，CGMA 的 MFAC 系统超调量明显减小，上升时间虽然较长但调节时间缩短，无模型自适应控制使 CGMA 动态性能明显提高，满足自动预紧系统输出调整需要。

表 6-1　CGMA 开环系统与 MFAC 系统阶跃响应的时域性能指标

系统模型	上升时间/s	调节时间/s	超调量(%)
CGMA 开环系统	4.89×10^{-5}	2.4×10^{-4}	16.3
MFAC 系统	1.5×10^{-4}	2.38×10^{-4}	1.57

为进一步研究 CGMA 的 MFAC 的动态性能，分别采用 MFAC 算法和 PID 算法组成 CGMA 的 MFAC 系统。保持 MFAC 系统参数不变，确定 PID 的控制参数为：$K_P = 22.5$、$K_I = 2.01\times10^{9}$、$K_D = 0.04$。当跟踪幅值为 $5.6\mu m$ 的阶跃信号，采样时间 $t = 1\times10^{-7}s$ 时，CGMA 的 MFAC 系统与 PID 控制系统输出位移（阶跃）跟踪性能对比如图 6-3a 所示。由图 6-3a 可知，MFAC 系统与 PID 控制的超调量分别为 1.57%、3.39%，调整时间分别为 $2.38\times10^{-4}s$、$3.25\times10^{-4}s$；当跟踪幅值为 $5.6\mu m$、频率为

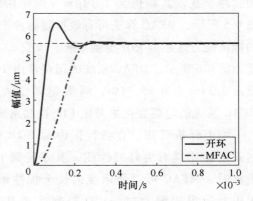

图 6-2　CGMA 开环与 MFAC
系统阶跃响应对比

20Hz 的正弦信号时，MFAC 系统、PID 控制系统的输出位移（正弦）跟踪性能对比如图 6-3b 所示。由图 6-3b 可知，正弦输出曲线与给定输入基本重合，MFAC 正弦跟踪的相对误差不超过 1.2%。综合分析，CGMA 的 MFAC 动态跟踪性能比其 PID 控制具有明显优势。

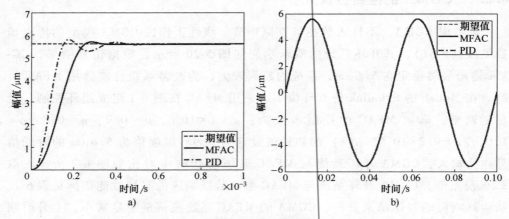

图 6-3　CGMA 的跟踪性能对比

a）阶跃跟踪　b）正弦跟踪

　　为分析 CGMA 的 MFAC 系统与 PID 控制系统的抗扰性，当给定幅值为 5.6μm 的阶跃信号，在 CGMA 的两控制系统的输入中分别加入幅值为最大值 5% 的随机噪声，如图 6-4a 和 b 所示，两控制系统调整后的输出信号如图 6-4c 所示，CGMA 的输出信号如图 6-4d 所示。由图 6-4 可知，MFAC 与 PID 控制算法都可以有效抑制系统中随机噪声的影响，使 CGMA 输出稳定在给定值附近。在阶跃输入 0.8ms 处外加脉冲干扰，其幅值为 1.12μm（给定阶跃信号幅值的 20%），仿真输出结果如图 6-5 所示，MFAC 算法可有效抑制脉冲干扰，使系统快速稳定，对外加脉冲干扰的抵抗能力远超过 PID 控制系统。改变 CGMA 质量 0.989kg 为 1.5kg，仿真结果对比如图 6-6 所示，MFAC 系统的超调量由 1.57% 变为 5.89%，PID 控制系统的超调量由 3.39% 变为 15.71%，两者超调变大，并且系统输出开始出现振荡，但是 MFAC 系统的超调变化量要比 PID 控制系统小得多。

　　综上分析可知，在线性区内对 CGMA 进行系统仿真，MFAC 系统与 PID 控制系统相比具有更好的性能，其系统调节速度较快；当系统受内部噪声和外界干扰时，MFAC 可以使系统的抗干扰性增强，让系统快速稳定；在系统建模过程中参数出现偏差时，PID 控制系统品质变坏，但对 MFAC 系统的影响相对较小。

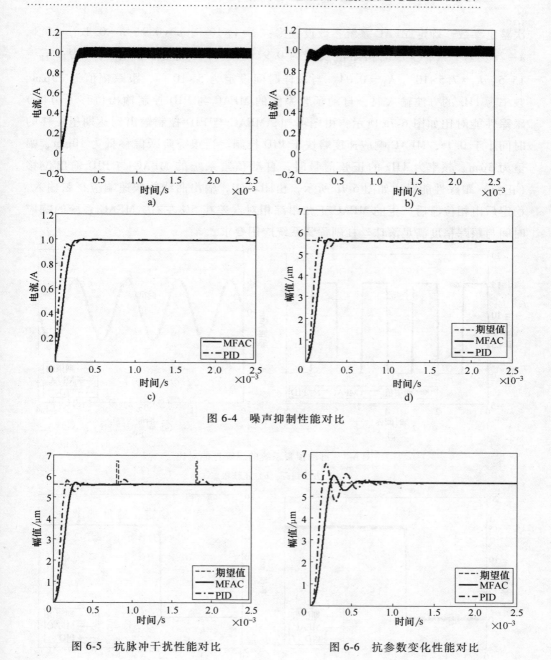

图 6-4　噪声抑制性能对比

图 6-5　抗脉冲干扰性能对比　　　　　图 6-6　抗参数变化性能对比

6.2.2　筒状超磁致伸缩自动预紧系统的控制仿真

考虑数控恒流源环节筒状超磁致伸缩自动预紧系统的模型 [式（5-53）]，再次整定参数，确定 MFAC 系统参数设置为：$\varepsilon = 1 \times 10^{-7}$、$\mu = 0.9$、$\eta = 0.8$、$\rho = 1.1$、$\lambda = 2.3 \times 10^{-8}$，$\phi(k)$ 的初始值设定为 0.9。将 PID 控制系统参数设置为：$K_P = 15.5$、$K_I = 7.5 \times 10^6$、$K_D = 0.04$。当采样时间设定为 $5 \times 10^{-5}\text{s}$、跟踪幅值为 $15\mu\text{m}$、频率为 1Hz 的方波输入时，自动预紧系统的 MFAC 与 PID 控制输出位移（方波）跟踪性能对比如图 6-7a 所示，由图可知，MFAC 与 PID 控制输出到达期望位移的时间小于 0.1s，MFAC 响应速度略快于 PID 控制。当跟踪阶跃偏移量为 $10\mu\text{m}$、幅值为 $5\mu\text{m}$、频率为 1Hz 的正弦信号时，自动预紧系统的 MFAC 与 PID 输出位移（正弦）跟踪性能对比如图 6-7b 所示，由图可知，输出曲线能快速响应正弦输入，稳定后由相位滞后产生的 MFAC 正弦跟踪相对误差在 5% 左右，MFAC 系统的响应时间与跟踪精度满足滚珠丝杠副预紧系统应用要求。

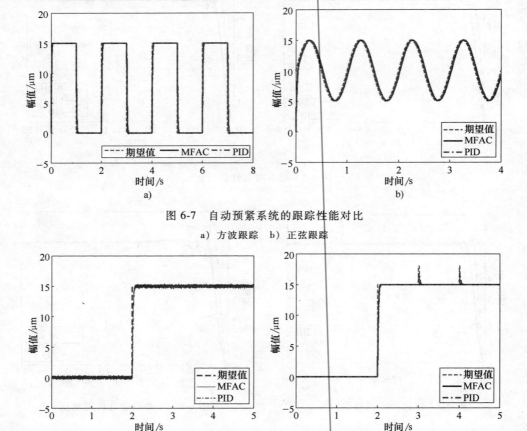

图 6-7　自动预紧系统的跟踪性能对比

a) 方波跟踪　b) 正弦跟踪

图 6-8　自动预紧系统的抗扰性能对比

a) 噪声干扰　b) 脉冲干扰

当给定幅值为 15μm 的阶跃信号时，在自动预紧系统驱动电源的输入中分别加入幅值为最大值 5% 的随机噪声，经 MFAC 与 PID 控制调整后预紧系统输出结果如图 6-8a 所示，由图可知，基于 MFAC 与 PID 控制的筒状超磁致伸缩自动预紧系统噪声抑制性能良好，输出精度提高。在阶跃输入 3s 处外加脉冲干扰，其幅值为 3μm（给定阶跃信号幅值的 20%），自动预紧系统输出结果如图 6-8b 所示，由图可知，MFAC 可使系统快速稳定，脉冲干扰抑制能力明显优于 PID 控制。

6.3　筒状超磁致伸缩自动预紧系统控制实验研究

为了验证 MFAC 用于筒状超磁致伸缩自动预紧系统输出位移控制有效性，搭建了实时控制系统实验平台，如图 6-9 所示。该系统以自行研制的 CGMA 为核心，

a)

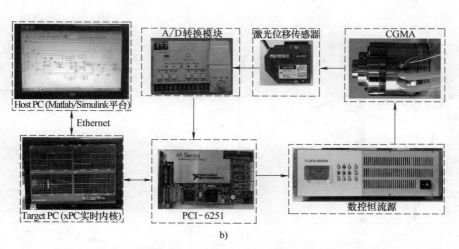

b)

图 6-9　筒状超磁致伸缩自动预紧系统实时控制系统实验平台

a）实验平台　b）原理

利用数控恒流源为 CGMA 提供驱动电流，激光位移传感器用于采集 CGMA 的输出位移，结合 Matlab/Simulink 的 xPC-target 模块、Host PC、Target PC、具有 I/O 功能的 NI 数据采集卡 PCI-6251 组成实时控制系统实验平台，实现超磁致伸缩自动预紧系统的闭环控制。

6.3.1 筒状超磁致伸缩自动预紧系统的 MFAC 实验研究

对于筒状超磁致伸缩自动预紧系统采用 MFAC 控制方法，根据 PCI-6251 的采样速度及 Host PC 的处理速度，采样时间取为 5×10^{-5}s，参考控制仿真参数，经反复调试得到 MFAC 的最佳参数为：$\varepsilon = 1 \times 10^{-7}$、$\mu = 0.9$、$\eta = 0.8$、$\rho = 1.1$、$\lambda = 9.5 \times 10^{-8}$，$\phi(k)$ 的初始值设定为 0.9。给定幅值为 15μm 的阶跃信号，阶跃跟踪效果如图 6-10a 所示，稳定后实际测量值与期望值的误差如图 6-10b 所示，基于实验数据在线估计的 PPD 值如图 6-10c 所示，经 MFAC 后的控制电流如图 6-10d 所示。由图 6-10 可看出，系统的阶跃响应时间小于 0.1s；输出达到期望值后稳定，跟踪

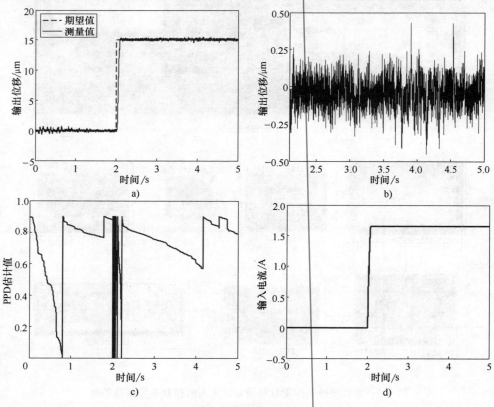

图 6-10　阶跃输入实验结果

误差小于 3%；PPD 估计值能够根据测量值快速调整，在给定信号阶跃处变化明显，控制器输出结果理想。对比线性工作区自动预紧系统动力学模型的控制仿真过程可得，MFAC 最佳控制参数 ε、μ、η、ρ 值相同时，λ 值有区别，但数量级相同，主要因为筒状超磁致伸缩自动预紧系统实际为非线性系统；系统阶跃响应时间基本一致，说明线性区系统动力学建模准确度高；实验过程的系统输出与仿真过程加入噪声的输出符合程度较高，原因是筒状超磁致伸缩自动预紧系统的驱动电源、传感器、采集卡、转换模块等电子系统本身存在噪声干扰，输出值变化符合实际。

筒状超磁致伸缩自动预紧系统在实际应用时，由于负载突然变化或者现场的振动会带来脉冲干扰，而脉冲干扰幅值较难量化，因此在阶跃输入的 3s、4s 处加入幅值为期望值 20%，持续时间为 0.02s 的脉冲模拟实际干扰，如图 6-11a 所示，保持 MFAC 参数不变，系统输出如图 6-11b 所示，PPD 估计值变化如图 6-11c 所

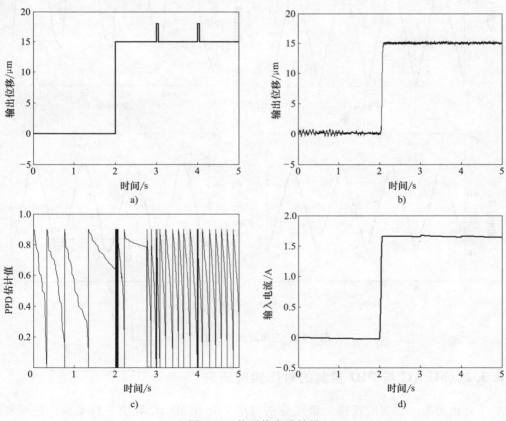

图 6-11　抗干扰实验结果

示，控制器输出如图 6-11d 所示。对比图 6-11a 与图 6-11c 可看出，MFAC 系统 PPD 值变化对系统输入敏感，能够依据干扰变化快速调整，使系统恢复稳定，控制器输出在干扰发生位置变化较小，控制效果明显，系统抗扰性强。

当筒状超磁致伸缩自动预紧系统处于开环时，输入频率为 1Hz 的三角波电流（图 6-12a），该系统输出位移的变化如图 6-12b 所示，由于系统本身的非线性，三角波开环输出呈现明显的非线性；当引入 MFAC 算法组成闭环控制系统，输入如图 6-12c 所示的给定信号时，该系统输出位移的变化如图 6-12d 所示。由图 6-12 可知，MFAC 使系统输出线性度好，能较好地跟踪动态输入，MFAC 简化了 CGMA 复杂非线性自动预紧系统的控制。

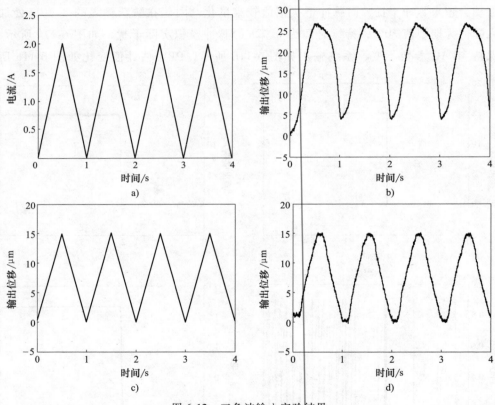

图 6-12　三角波输入实验结果

6.3.2　MFAC 与 PID 控制的对比实验研究

对比实验一：对阶跃输入跟踪分别利用 PID 和 MFAC 算法进行实验。经反复实验调整得到的最佳 PID 控制参数为 $K_P = 15.5$、$K_I = 1.2 \times 10^6$、$K_D = 0.04$；MFAC

最佳控制参数如 MFAC 控制实验中所述。两种算法的阶跃跟踪效果与跟踪误差如图 6-13 所示，MFAC 的阶跃响应时间为 0.08s，PID 为 0.189s，显然，MFAC 的响应速度较快；MFAC 输出位移误差绝对值的最大值小于 0.5μm，而 PID 控制大于 0.6μm。为继续研究两算法对于阶跃输入的跟踪效果，将稳定后测量值代入式（6-9）即可求得 MFAC 与 PID 控制的方均根误差（RMSE）分别为 $1.12×10^{-7}$、$1.75×10^{-7}$，MFAC 测量结果与期望值存在的偏差较小，说明其控制精度高。方均根误差的计算公式为

$$\mathrm{RMSE}(x) = \sqrt{\frac{1}{N}\sum_{n=1}^{N} |\Delta y_n|^2} \tag{6-9}$$

式中，N 为稳定后的总采样个数；Δy_n 为第 n 个采样点测量值与期望值的差值。

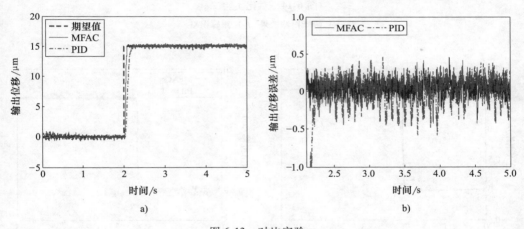

图 6-13　对比实验一

a）阶跃跟踪效果　b）跟踪误差

对比实验二：对正弦输入信号，两种算法的跟踪效果与跟踪误差分别如图 6-14 所示。由图 6-14a 可以看出，MFAC 与 PID 控制均能够较好地跟踪期望值，但由于恒流源、传感器等电子设备本身的特性使输出都出现了滞后。由图 6-14b 的跟踪误差值可以看出，MFAC 的误差明显小于 PID 控制。

对比实验三：在阶跃输入 3s 处外加幅值为 3μm（给定阶跃信号幅值的 20%）脉冲干扰，两种算法的控制器输出和自动预紧系统输出结果如图 6-15 所示。由图 6-15a 可以看出，在脉冲干扰作用处，与 MFAC 相比 PID 控制器输出变化明显；由图 6-15b 可以看出，MFAC 对脉冲干扰不敏感，能够使系统快速恢复稳定，抗脉冲干扰能力明显优于 PID 控制。

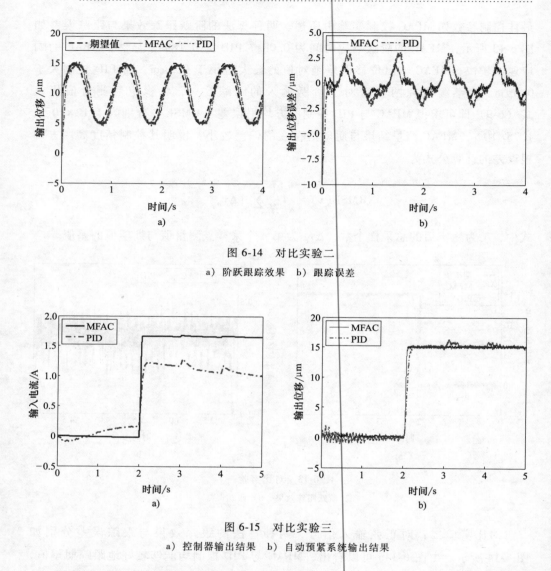

图 6-14　对比实验二

a）阶跃跟踪效果　b）跟踪误差

图 6-15　对比实验三

a）控制器输出结果　b）自动预紧系统输出结果

通过图 6-13~图 6-15 的对比实验结果，以及 MFAC 和 PID 方均根误差分析结果可看出，不论对筒状超磁致伸缩自动预紧系统的跟踪实验还是抗干扰实验，基于数据驱动的紧格式 MFAC 方法与 PID 控制方法相比，MFAC 具有响应速度快，抗干扰性强等明显优势。

第7章

超磁致伸缩预紧滚珠丝杠副
应用性能研究

预紧力的施加可以减小由于制造误差和装配原因引起的轴向间隙，改变轴向变形，提高滚珠丝杠副的轴向刚度和定位精度。然而，预紧力过大会增大驱动力矩，加剧滚珠与丝杠之间的疲劳磨损，降低滚珠丝杠副传动效率，增加温升，影响其动态性能及工作寿命。由于预紧力调整多采用手动，较难模拟实际工况，且缺乏直接自动测量预紧力的技术手段，因此在预紧力变化及其作用下对滚珠丝杠副主要性能方面的研究较少。因为预紧力变化又会对滚珠丝杠副精度、刚度、摩擦力矩、振动特性等一系列问题产生影响，所以要实现预紧力动态调整与测量，对预紧力变化及滚珠丝杠副主要性能的研究十分必要。

7.1 基于棒状 GMA 预紧滚珠丝杠副的性能分析

7.1.1 滚珠丝杠副螺母预紧力的调整

为了验证棒状 GMA 预紧滚珠丝杠副的性能，进行机电耦合的测量实验。采用的是应变式轮辐压力传感器直接测量预紧力的方法。预紧力的调整控制实验平台如图 7-1 所示。

驱动电源为数控稳流电源，它可为超磁致伸缩结构提供直流驱动电流，以获取恒定的预紧力。数控稳流电源提供的电流为分段线性电流，如图 7-2 所示。

在测量实验中，电流先从−3A 到 3A 分段线性变化，然后再从 3A 到−3A 分段线性变化。实验测得电流和预紧力之间的关系如图 7-3 所示。

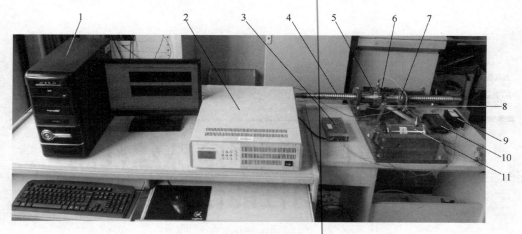

图 7-1 预紧力的调整控制实验平台

1—PC 主控器   2—数控稳流电源   3—力传感器稳压电源   4—丝杠   5—螺母 B   6—力传感器

7—螺母 A   8—铰链杠杆机构   9—变送器   10—数据采集卡   11—棒状 GMM 构成的超磁致伸缩结构

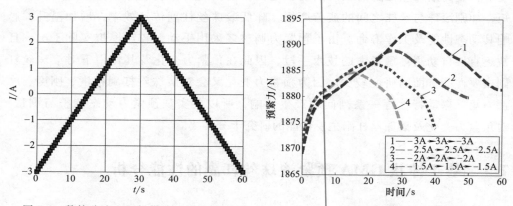

图 7-2 数控稳流电源提供分段线性电流   图 7-3 电流和预紧力之间的关系

由于 GMM 采用的是组合式驱动，即其驱动磁场及偏置磁场分别通过线圈和永磁铁产生。要得到同样的机械位移，超磁致伸缩结构比单纯用电磁式驱动的电流减小了一半，大大降低了功率消耗。由 2.2 节可知，以适当的方式对 GMM 施加偏置磁场，可提高 GMM 的磁场均匀性及线性。

超磁致伸缩结构中具有的多场耦合关系使其动态特性较为复杂。超磁致伸缩结构的输出力与磁致伸缩应变 λ 和预压应力 σ_0 相耦合，而磁致伸缩应变 λ 与线圈中的电流相耦合。但超磁致伸缩结构的输出力最终需要通过改变输入电流的大小进行调整。实验结果表明，在一定驱动电流范围内，超磁致伸缩结构具有一定的线性工作区。在超磁致伸缩结构线性工作区内，压磁方程近似认为是线性的，容易实现预紧力的线性调整控制。

在工作电流为 3A 时，最大预紧力可以达到 1892.87N。

实验中用轮辐式力传感器获取力的值，以电压形式输出。力传感器测出的电压 U 与预紧力 F_p 之间的关系为：$F_p = 2000U$。若以幅值为 3A，频率为 1Hz 为例，在调整前，先设定预紧力初始值，然后施加驱动电流。图 7-4 所示为三种不同初始值下预紧力的输出结果。

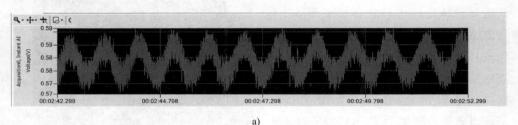

a)

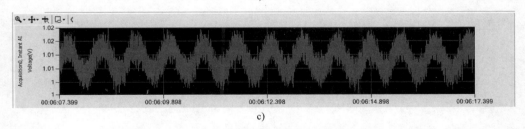

b)

c)

图 7-4 预紧力的调整

a) 可调范围为 1141~1184N b) 可调范围为 1598~1632N c) 可调范围为 1962~2048N

在实际应用中，可以根据应用需求确定预紧力，然后通过调整电流的幅值，实现预紧力的实时调整。

7.1.2 滚珠丝杠副的轴向接触刚度测试

滚珠丝杠副的轴向接触刚度测量实验如图 7-5 所示。

刚度测量实验中，固定丝杠、法兰盘及螺母 A，通过旋转螺母 B 产生轴向变位调节两螺母之间的初始预紧力，然后对超磁致伸缩结构施加励磁电流，根据它的机电耦合特性，输出力经过铰链-杠杆机构，传递到两螺母之间，从而减小滚珠丝杠副的轴向间隙，提高其刚度。

滚珠丝杠副的接触刚度一般仅考虑滚道与滚珠之间的轴向弹性变形 δ，不考虑螺母本身及丝杠本身的变形。在滚珠丝杠副上预加轴向载荷即预紧力 F_p。当施加的预紧力 $F_p = 406\text{N}$ 时，测得轴向弹性变形 $\delta_1 = -40\mu\text{m}$，如图 7-6a 所示，当施加的预紧力 $F_p = 1922\text{N}$ 时，测得轴向弹性变形 $\delta_2 = 130\mu\text{m}$，如图 7-6b 所示。

当预紧力从 406N 增大到 1922N 时，预紧力与外加载荷的关系为

$$F_{\max} \approx 2.83 F_p \qquad (7\text{-}1)$$

图 7-5 预紧力与接触刚度测量实验
1—法兰盘 2—螺母 A 3—铰链-杠杆机构
4—JNBR-1T 力传感器 5—螺母 B
6—激光位移传感器 7—丝杠

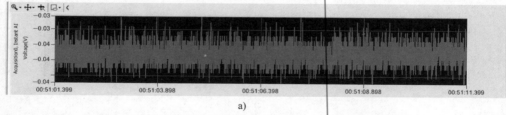

a)

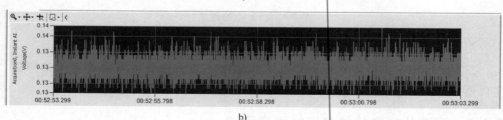

b)

图 7-6 预紧力调整时滚珠丝杠副中的变形量
a) δ_1 测量结果 b) δ_2 测量结果

即外加轴向载荷最大范围约在 1200～5700N，实验中预紧力增大了 1500N 左右，所减少的滚珠丝杠副轴向间隙 δ（包括滚珠丝杠副的原有间隙及由轴向载荷引起的弹性接触变形）为

$$\delta = \delta_2 - \delta_1 = 130\mu m - (-40)\mu m = 170\mu m \tag{7-2}$$

通过实验可以看出，基于超磁致伸缩的滚珠丝杠预紧结构，通过预紧力的调节，可以有效提高滚珠丝杠副的轴向接触刚度，与理论上分析滚珠丝杠副接触刚度的结果是一致的。

7.2 基于 CGMA 自动预紧滚珠丝杠副的性能分析

7.2.1 基于 CGMA 自动预紧滚珠丝杠副的轴向变形分析

结合 2.1 节中垫片式预紧的分析，超磁致伸缩自动预紧滚珠丝杠副受力示意图如图 7-7 所示，螺母 A 和螺母 B 之间的力传感器、预紧连接盘、CGMA 组合，等效为可调整厚度的垫片，通过改变等效垫片厚度即可实现调整滚珠丝杠副的预紧力。设 F_a 为轴向载荷，沿丝杠轴向均匀分布；β 为滚道与滚珠之间的接触角，视为相等；α 为滚珠丝杠副的螺旋升角；z 为滚珠数；F_{pa} 为预紧力，其法向分力为 F_p；F_A、F_B 分别为螺母 A、B 中滚珠对滚道的法向作用力。CGMA 输出预紧力的动态调整可通过调整 CGMA 线圈驱动电流的大小实现，CGMA 输出的预紧力是电流 I 的函数，可用 $F(I)$ 表示，图 7-7 中轴向预紧力 F_{pa} 即为 CGMA 系统的输出力 $F(I)$。

依据式（2-10）可得基于 CGMA 自动预紧滚珠丝杠副的滚珠对滚道的法向作用力 F_A、F_B 分别为

$$F_A = \frac{2F_I - F_a}{2z\sin\beta\cos\alpha}, \quad F_B = \frac{2F_I + F_a}{2z\sin\beta\cos\alpha} \tag{7-3}$$

当不施加外部轴向载荷时，F_A、F_B 分别为

$$F_A = F_B = F_p = \frac{F_I}{z\sin\beta\cos\alpha} \tag{7-4}$$

当轴向工作载荷与超磁致伸缩预紧力共同作用时，对于螺母 A 或螺母 B，其产生的变形量主要是由滚珠与丝杠、滚珠与螺母之间的接触变形量引起的，螺母的微小变形可忽略不计。假设轴向载荷与预紧力分布均匀，基于赫兹接触理论，在 F_A、F_B 的作用下，两螺母相对丝杠的法向接触变形量 Δx_{Ap}、Δx_{Bp} 分别为滚珠与丝杠、滚珠与螺母的法向接触变形量的和，即

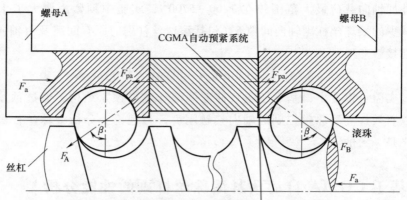

图 7-7　超磁致伸缩自动预紧滚珠丝杠副受力示意图

$$\Delta x_{\mathrm{Ap}} = \Delta x_{\mathrm{Asp}} + \Delta x_{\mathrm{Anp}} = \frac{2K(e)}{\pi^{\frac{2}{3}} k^{-\frac{2}{3}} \sqrt[3]{2L(e)}} \sqrt[3]{\frac{1}{8}\left(\frac{3}{E'}\right)^2 F_{\mathrm{A}}^2 \sum \rho_{\mathrm{sp}}} +$$

$$\frac{2K(e)}{\pi^{\frac{2}{3}} k^{-\frac{2}{3}} \sqrt[3]{2L(e)}} \sqrt[3]{\frac{1}{8}\left(\frac{3}{E'}\right)^2 F_{\mathrm{A}}^2 \sum \rho_{\mathrm{np}}} \tag{7-5}$$

$$\Delta x_{\mathrm{Bp}} = \Delta x_{\mathrm{Bsp}} + \Delta x_{\mathrm{Bnp}} = \frac{2K(e)}{\pi^{\frac{2}{3}} k^{-\frac{2}{3}} \sqrt[3]{2L(e)}} \sqrt[3]{\frac{1}{8}\left(\frac{3}{E'}\right)^2 F_{\mathrm{B}}^2 \sum \rho_{\mathrm{sp}}} +$$

$$\frac{2K(e)}{\pi^{\frac{2}{3}} k^{-\frac{2}{3}} \sqrt[3]{2L(e)}} \sqrt[3]{\frac{1}{8}\left(\frac{3}{E'}\right)^2 F_{\mathrm{B}}^2 \sum \rho_{\mathrm{np}}} \tag{7-6}$$

式中，Δx_{Asp}、Δx_{Bsp} 为滚珠与丝杠的法向接触变形量；Δx_{Anp}、Δx_{Bnp} 分别为滚珠与螺母的法向接触变形量；E' 为两接触面的等效弹性模量，可由式（7-7）求得；$\sum \rho_{\mathrm{sp}}$ 为滚珠与丝杠滚道面接触处的主曲率和；$\sum \rho_{\mathrm{np}}$ 为滚珠与螺母滚道面接触处的主曲率和，可由式（7-8）求得；k 为椭圆率，$k = b_{\mathrm{L}}/a_{\mathrm{L}}$，其中 a_{L}、b_{L} 分别为接触椭圆的长轴与短轴，可由式（7-9）和式（7-10）求得；$K(e)$、$L(e)$ 由椭圆偏心率决定的第一类、第二类完全椭圆积分，可由式（7-11）和式（7-12）求得。

$$\frac{1}{E'} = \frac{1}{2}\left(\frac{1-\mu_1^2}{E_1} + \frac{1-\mu_2^2}{E_2}\right) \tag{7-7}$$

式中，μ_1、μ_2 为相接触两物体的泊松比；E_1、E_2 为相接触两物体的弹性模量。

$$\sum \rho = \rho_{11} + \rho_{12} + \rho_{21} + \rho_{22} \tag{7-8}$$

式中，ρ_{11}、ρ_{12}、ρ_{21}、ρ_{22} 为滚珠与滚道相接触面的主曲率，见表 7-1。

表 7-1　滚珠与滚道接触处的主曲率

主曲率	ρ_{11}	ρ_{12}	ρ_{21}	ρ_{22}
丝杠侧	$\dfrac{2}{d_b}$	$\dfrac{2}{d_b}$	$-\dfrac{2}{td_b}$	$\dfrac{2\cos\beta\cos\alpha}{d_0-d_b\cos\alpha}$
螺母侧	$\dfrac{2}{d_b}$	$\dfrac{2}{d_b}$	$-\dfrac{2}{td_b}$	$-\dfrac{2\cos\beta\cos\alpha}{d_0+d_b\cos\alpha}$

注：d_0 为公称直径；d_b 为滚球直径；t 为滚道曲率比。

$$a_L = m_a\sqrt[3]{\frac{3Q}{E'\sum\rho}} \tag{7-9}$$

$$b_L = m_b\sqrt[3]{\frac{3Q}{E'\sum\rho}} \tag{7-10}$$

式中，Q 为接触点处的法向压力；m_a、m_b 为无量纲长、短半轴系数，$m_a = \sqrt[3]{2L(e)/\pi k^3}$，$m_b = \sqrt[3]{2L(e)k/\pi}$。

$$K(e) = \int_0^{\pi/2}\frac{1}{\sqrt{1-(1-k^2)\sin^2\phi}}\mathrm{d}\phi \tag{7-11}$$

$$L(e) = \int_0^{\pi/2}\sqrt{1-(1-k^2)\sin^2\phi}\,\mathrm{d}\phi \tag{7-12}$$

依据法向变形量表达式可求得丝杠相对于螺母的轴向变形量 Δx_A、Δx_B，即

$$\Delta x_A = \frac{\Delta x_{Ap}\cos\alpha}{\sin\beta} = \frac{\cos\alpha}{\sin\beta}\left(\frac{2K(e)}{\pi^{\frac{2}{3}}k^{-\frac{2}{3}}\sqrt[3]{2L(e)}}\sqrt[3]{\frac{1}{8}\left(\frac{3}{E'}\right)^2 F_A^2\sum\rho_{sp}}\right.+$$

$$\left.\frac{2K(e)}{\pi^{\frac{2}{3}}k^{-\frac{2}{3}}\sqrt[3]{2L(e)}}\sqrt[3]{\frac{1}{8}\left(\frac{3}{E'}\right)^2 F_A^2\sum\rho_{np}}\right) \tag{7-13}$$

$$\Delta x_B = \frac{\Delta x_{Bp}\cos\alpha}{\sin\beta} = \frac{\cos\alpha}{\sin\beta}\left(\frac{2K(e)}{\pi^{\frac{2}{3}}k^{-\frac{2}{3}}\sqrt[3]{2L(e)}}\sqrt[3]{\frac{1}{8}\left(\frac{3}{E'}\right)^2 F_B^2\sum\rho_{sp}}\right.+$$

$$\left.\frac{2K(e)}{\pi^{\frac{2}{3}}k^{-\frac{2}{3}}\sqrt[3]{2L(e)}}\sqrt[3]{\frac{1}{8}\left(\frac{3}{E'}\right)^2 F_B^2\sum\rho_{np}}\right) \tag{7-14}$$

在不受轴向载荷时，螺母 A、螺母 B 只受超磁致伸缩预紧力作用，因此，其轴向接触变形量大小相同，由式（7-4）、式（7-13）与式（7-14）可得

$$\Delta x_A = \Delta x_B = \frac{\cos\alpha^{\frac{1}{3}}}{z^{\frac{2}{3}}\sin\beta^{\frac{5}{3}}}\left(\frac{2K(e)}{\pi^{\frac{2}{3}}k^{-\frac{2}{3}}\sqrt[3]{L(e)}}\sqrt[3]{\left(\frac{3}{E'}\right)^2\sum\rho_{sp}}+\frac{2K(e)}{\pi^{\frac{2}{3}}k^{-\frac{2}{3}}\sqrt[3]{L(e)}}\sqrt[3]{\left(\frac{3}{E'}\right)^2\sum\rho_{np}}\right)F_I^{\frac{2}{3}}$$

$$\tag{7-15}$$

根据以上分析，在尺寸参数一定时，基于 CGMA 自动预紧滚珠丝杠副的轴向变形由轴向载荷和轴向预紧力决定，保持轴向载荷不变，其轴向变形与超磁致伸缩预紧力的关系为正相关。

7.2.2 基于 CGMA 自动预紧滚珠丝杠副的预紧力与刚度测试分析

将 2504 系列双螺母滚珠丝杠副作为本书的研究对象，与自行研制的 CGMA 组合构成自动预紧的滚珠丝杠副系统，滚珠丝杠副的主要性能参数见表 7-2，CGMA 自动预紧系统关键参数见表 7-3~表 7-5。预紧力与轴向位移测试平台如图 7-8 所示，数控恒流源采用双极性电源 YL2410，输出最大电流为 ±10A，采用 C++ 软件编制数控恒流源的控制程序，通过程序改变输入电流，设置不同的预紧力；利用力传感器与数字式应变仪完成预紧力测量，力传感器安装在 CGMA 自动预紧系统内部，数字式应变仪可实现信号的转换与显示；激光位移传感器和数据采集模块用于双螺母滚珠丝杠副轴向变形引起的螺母位移测量。

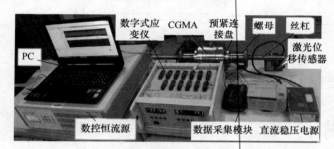

图 7-8 预紧力与轴向位移测试平台

表 7-2 滚珠丝杠副的主要参数

参 数	数 值
公称直径/mm	25
滚珠直径/mm	2.381
弹性模量/MPa	2.07×10^5
泊松比	0.3
导程/mm	4
接触角/(°)	45
螺旋升角/(°)	2.92
额定静载荷/kN	17.097
滚珠个数	99

表7-3 预紧连接盘的关键参数

总长度/mm	弧形孔角度/(°)	弹性模量/GPa	泊松比	密度/(kg/m³)
35	30	210	0.31	7850

表7-4 力传感器的关键参数

长度/mm	直径/mm	弹性模量/GPa	泊松比	密度/(kg/m³)
35	φ41	210	0.31	7850

表7-5 CGMA组件的关键参数

组件	长度/mm	直径/mm	弹性模量/GPa	泊松比	密度/(kg/m³)
输出杆	63	φ41	210	0.31	7850
导磁环	10	φ40	150	0.29	7860
CGMM	50	φ40	30	0.44	9250
底座	15	φ151	210	0.31	7850

为消除初始安装时轴向间隙的影响，调整预紧连接盘与螺母的相对位置，分别设定初始预紧力1000N、1600N、2100N，控制数控恒流源输出，使电流以0.5A的步长在0~10A之间变化，对应预紧力的测量结果 F_1、F_2、F_3，如图7-9a所示。由图7-9a可知，不同初始预紧条件下，相同驱动电流范围作用下预紧力输出特性曲线的变化趋势相同；当初始预紧力由1000N增加到1600N，再由1600N增加到2100N的过程中，超磁致伸缩自动预紧系统输出的预紧力也相应增加，但增加量不等于初始预紧力的增加值，电流升程对应的调整范围分别为1000~7800N、1600~8200N、2100~8500N，电流回程对应的调整范围分别为7800~1360N、8200~1850N、8500~2350N。为进一步分析预紧力的变化，分别计算 F_2 与 F_1、F_3 与 F_2、F_3 与 F_1 的差值，如图7-9b所示。由图7-9b可知，预紧力的差值变化不相同，不等于初始预紧力的增加值，主要由CGMA输出力的非线性引起。

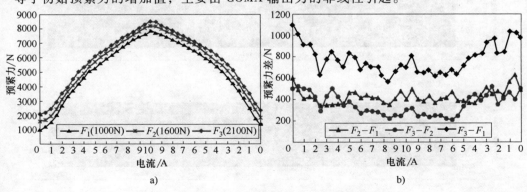

图7-9 不同初始预紧下系统的预紧力测量结果

a) 预紧力-电流关系曲线 b) 预紧力差值变化曲线

由于自动预紧系统的材料特性与结构特点，超磁致伸缩预紧力引起的接触点总轴向变形量较难测量，因此可观察不同电流作用下螺母位移的变化，定性分析电流对轴向变形量与接触刚度的影响。设定滚珠丝杠副的初始预紧力为1600N，当直流驱动电流由0A变为10A时，固定一个螺母，激光传感器测量获得另外一个螺母的轴向位移如图7-10所示，其中，传感器输出电压与所测位移的转换比为1000μm/V。由图7-10可知，当电流从0A变为10A，测量电压从0.01V变为−0.02V，可估算轴向接触变形量为30μm。当线圈中驱动电流的频率为1Hz幅值分别为1A、2A的交流时，测得的轴向位移如图7-11所示。由图7-11可知，当驱动

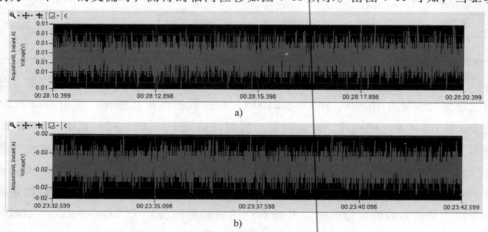

图 7-10　直流驱动下的轴向位移

a) DC 0A　b) DC 10A

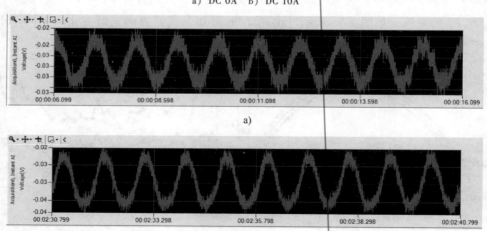

图 7-11　交流驱动下的轴向位移

a) AC 1A　b) AC 2A

电流为交流时，输出信号按正弦规律变化。结果表明，超磁致伸缩自动预紧系统可通过改变 CGMA 驱动电流的大小动态调整系统预紧力，从而改变轴向变形。

在测试实验分析中，用于计算轴向刚度的计算公式为

$$K'_a = \frac{\Delta F}{\Delta x} \tag{7-16}$$

式中，K'_a 为加载预紧力时的轴向刚度；Δx 为轴向弹性变形；ΔF 为引起变形的轴向力。

在计算轴向刚度时，一般仅将滚珠与滚道的接触变形计入在内，不计弹性变形。根据以上测量数据，驱动电流、预紧力与轴向位移的关系如图 7-12 所示。图 7-12a 显示，电流较小时，轴向位移曲线斜率较大；随着电流增大，曲线斜率减小；电流与预紧力变化正相关；结果表明，超磁致伸缩预紧力越大，系统的刚度越大。图 7-12b 显示，施加初始预紧力可有效消除滚珠与滚道的间隙；预紧力越大，轴向变形越大；增加预紧力可提高滚珠丝杠副系统的轴向刚度；由曲线斜率可看出，在 1600～6000N 区间内轴向刚度提高较大，而 6000～8200N 区间内轴向刚度变化较小。

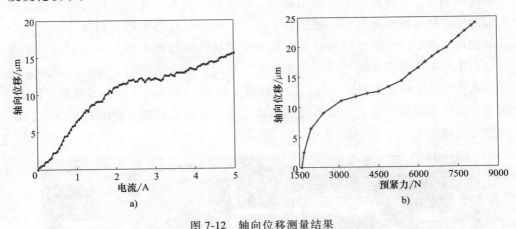

图 7-12　轴向位移测量结果
a）电流-轴向位移关系曲线　b）预紧力-轴向位移关系曲线

实验结果与 7.2.1 小节中的理论分析相一致，结果表明增加驱动电流，可增大超磁致伸缩预紧力，提高丝杠副的刚度，验证了基于 CGMA 滚珠丝杠副自动预紧系统设计的合理性与有效性。

压电陶瓷与电磁铁致动器也被用于预紧力的实时调整，压电陶瓷致动器的输入电压为 1000V 时，最大预紧力约为 90kgf（1kgf = 9.80665N）；电磁铁致动器工作在最高等级时，其预紧力仅为 153.7N。CGMA、压电陶瓷致动器、电磁铁致动器

输出的最大预紧力结果见表 7-6。由表 7-6 可知，CGMA 自动预紧系统的预紧力可达 8200N，约为压电陶瓷预紧系统的 9 倍、电磁铁预紧系统的 50 倍。由此可见，基于 CGMA 自动预紧滚珠丝杠副作为一种新型结构，可实时调整预紧力，有效提高预紧力的变化范围。

表 7-6　不同致动器输出的最大预紧力

预紧装置	CGMA	压电陶瓷致动器	电磁铁致动器
最大预紧力	8200N	882N	153.7N

7.2.3　基于 CGMA 自动预紧滚珠丝杠副的摩擦力矩与振动特性测试分析

为分析基于 CGMA 自动预紧滚珠丝杠副的动态特性，分别对不同驱动电流作用下滚珠丝杠副进行摩擦力矩与振动特性实验研究，测试平台如图 7-13 所示。将超磁致伸缩预紧的滚珠丝杠副安装到机床上，模拟空载时滚珠丝杠进给驱动系统，通过车床工作台支撑筒状超磁致伸缩自动预紧系统，使丝杠不受自动预紧系统的重力影响，调整车床卡盘中心、丝杠中心、尾座顶尖在同一条直线上，减小因偏心引起的误差。在摩擦力矩测试实验中，采用数字测力计代替车床刀架与螺母法兰间的固定块，丝杠运行时，通过数字测力计测量螺母与丝杠间的反作用力。在振动测试实验中，为防止螺母转动，采用固定块将螺母连接到工作台上，当滚珠丝杠由车床电机带动旋转时，自动预紧系统和两个螺母将平移，运行过程中，应调整工作台的平移速度与滚珠丝杠副进给速度同步。考虑到高频和高精度等因素，利用压电传感器获得自动预紧系统的振动信号，通过电荷放大器和数据采集仪实现信号转换。

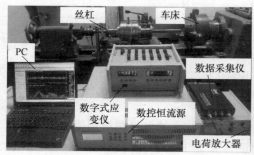

图 7-13　摩擦力矩与振动特性测试平台

1. 摩擦力矩的测试分析

在 7.2.2 节的分析中，通过对两个螺母之间的自动预紧系统通入驱动电流来产生滚珠丝杠副的预紧力，CGMA 的输出作用将两个螺母推向相反的方向，减小滚珠与滚道之间的间隙，以提高滚珠丝杠副的刚度。又因驱动电流决定着预紧力大小，预紧力变化影响摩擦力矩，为考察自动预紧系统驱动电流对摩擦力矩的影响，根据所选滚珠丝杠的最大预紧力，在 0~6A 的范围内对电流进行增量调节。此处，滚珠丝杠的转速设定为 38r/min，滚球直径被确定为 2.381mm。由数字测力计获得作用在螺母凸缘上的反作用力，确定固定块与螺母法兰固定点到中心轴线之间的距离，将两者相乘计算作用在螺母上的转矩。通过数字测力计测得的不同驱动电流下的反作用力见表 7-7，由测量结果计算的驱动电流与摩擦力矩的关系如图 7-14 所示。由图 7-14 可知，作用在滚珠丝杠副螺母法兰上的摩擦力矩与自动预紧系统驱动电流之间呈正相关，即摩擦转矩随着驱动电流的增加而逐渐增大，但存在非线性，主要由 CGMA 的输出特性决定。然而，增加摩擦力和驱动力矩会加速滚珠丝杠副的疲劳磨损，因此，在通过 CGMA 实现滚珠丝杠副自动预紧时，为预紧系统设定合适的驱动电流十分必要。

表 7-7　不同驱动电流下的反作用力

驱动电流/A	反作用力/N	驱动电流/A	反作用力/N
0	8.2	3.5	48.3
0.5	21.3	4	50.8
1	28.5	4.5	53.6
1.5	32.8	5	58.4
2	37.4	5.5	61.7
2.5	42.5	6	64.5
3	45.9		

2. 振动特性的测试分析

　　工作台运行时，分别将滚珠丝杠的转速设置为 38r/min、77r/min、160r/min，在螺母上放置压电加速度传感器，分别测量基于 CGMA 自动预紧滚珠丝杠副的径向、轴向加速度响应，研究系统的振动特性，采集的信号如图 7-15 所示。从图 7-15 可以看出，丝杠转速对带有自动预紧滚

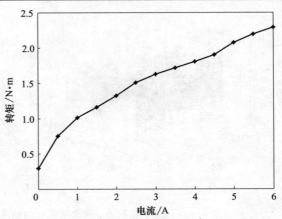

图 7-14　驱动电流对摩擦转矩的影响

珠丝杠副的径向与轴向振动影响明显，转速越高，加速度响应的振幅越大，即滚珠丝杠副振动的振幅与转速呈正相关。保持丝杠转速为 38r/min，调整 CGMA 自动预紧系统的驱动电流分别为 0A、3A、5A，测量径向与轴向加速度响应，结果如图 7-16 所示。从图 7-16 可以看出，不同电流作用下，轴向或径向加速度响应的振幅未出现明显变化，结果表明，驱动电流变化对滚珠丝杠副径向或轴向振动振幅作用较小，即超磁致伸缩预紧力对滚珠丝杠副振动的振幅无显著影响。比较测量结果也可看出，径向加速度幅值的波动范围大于轴向的变化，这是由丝杠挠度、车床尾座轴心与自定心卡盘轴心之间的偏差引起。

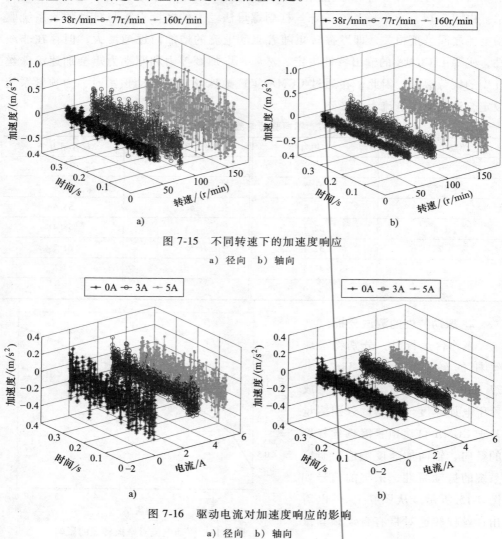

图 7-15　不同转速下的加速度响应

a）径向　b）轴向

图 7-16　驱动电流对加速度响应的影响

a）径向　b）轴向

　　保持相同的驱动电流，对测得的不同转速下的时域信号进行快速傅里叶变换，得到的频域信号如图 7-17 所示。由转换结果也可看出，丝杠转速越大，加速度响应的幅值越大。图 7-17 显示，三种不同转速情况下系统的主频近似相等，分别为226.9Hz、228.1Hz、225.4Hz，因此，可确定自动预紧后滚珠丝杠副系统的主频为220~230Hz。当丝杠转速为 160r/min 时，不同驱动电流作用下加速度响应的频谱如图 7-18 所示，频域信号也表明驱动电流对滚珠丝杠副振动的振幅产生的影响较小。由图 7-18 可知，三个不同驱动电流作用下系统的主频分别为 229.6Hz、225.4Hz、232.5Hz，结果表明，对于运行的滚珠丝杠副系统，随着筒状超磁致伸缩自动预紧系统驱动电流变化，系统的振动频率未发生明显改变，即自动预紧系统输出的预紧力对运行的滚珠丝杠副主频没有产生明显影响。

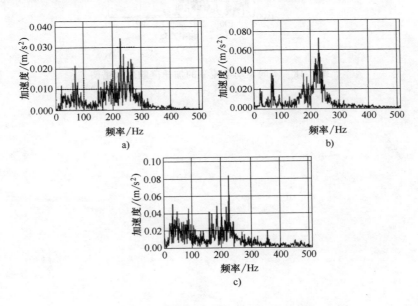

图 7-17　不同转速下的加速度响应频谱图
a) 38r/min　b) 77r/min　c) 160r/min

　　本章主要对超磁致伸缩预紧滚珠丝杠副的预紧力进行研究，对两种结构的超磁致伸缩预紧系统进行试验研究，分析不同驱动电流作用下滚珠丝杠副的轴向变形、刚度、摩擦力矩的变化规律，讨论超磁致伸缩自动预紧滚珠丝杠副的振动特性，为研究人员进行预紧力对滚珠丝杠副性能影响的实验研究提供了新的途径，为丝杠生产企业分析预紧力实际问题提供试验基础，将推动滚珠丝杠副在预紧力作用下综合性能研究的快速发展。

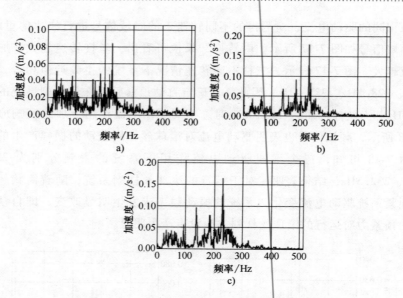

图 7-18　不同驱动电流下的加速度响应频谱图

a）0A　b）3A　c）5A

参 考 文 献

［1］ 贾振元，郭东明. 超磁致伸缩材料微位移执行器原理与应用［M］. 北京：科学出版社，2008.

［2］ 王博文，曹淑瑛，黄文美. 磁致伸缩材料与器件［M］. 北京：冶金工业出版社，2008.

［3］ Clark A E. Magnetostrictive rare earth-Fe2 compounds［J］. Ferromagnetic material, 1988, 1：43-99.

［4］ 杨世铭，陶文铨. 传热学［M］. 4版. 北京：高等教育出版社，2006.

［5］ 张春美. 差分进化算法理论与应用［M］. 北京：北京理工大学出版社，2014.

［6］ TUMANSKI S. Handbook of magnetic measurements［M］. Boca Raton：CRC Press, 2011.

［7］ 周顺荣. 电磁场与机电能量转换［M］. 上海：上海交通大学出版社，2006.

［8］ 孙宝元. 现代执行器技术［M］. 长春：吉林大学出版社，2003.

［9］ LIN M X, WANG Q D, JU X J, et al. The research of double-nut ball screw preload based on GMA［C］. International Conference on Ubiquitous Robots and Ambient Intelligence. New York：IEEE, 2016.

［10］ WANG Q D, LIN M X. Electromechanical coupling measurement of a new giant magnetostrictive structure for double-nut ball screw pre-tightening［J］. Measurement Science & Technology, 2016, 27（12）：1259061-1259068.

［11］ WANG Q D, LIN M X. Design of new giant magnetostrictive structures for double-nut ball screw pre-tightening［J］. Journal of the Brazilian Society of Mechanical Sciences & Engineering, 2017, 39（8）：3181-3188.

［12］ 王庆东. 基于超磁致伸缩的滚珠丝杠副螺母智能预紧技术及应用研究［D］. 济南：山东大学，2017.

［13］ JU X J, LIN M X, FAN W T, et al. Structure design and characteristics analysis of a cylindrical giant magnetostrictive actuator for ball screw preload［J］. Journal of Central South University, 2018, 25（7）：1799-1812.

［14］ 鞠晓君，林明星，范文涛，等. 超磁致伸缩致动器结构分析及输出力特性研究［J］. 仪器仪表学报，2017, 39（5）：1198-1206.

［15］ JU X J, LIN M X, WANG Z, et al. Modeling and control simulation of giant magnetostrictive actuator with two-end outputs［C］. Proceedings of the 2018 13th World Congress on Intelligent Control and Automation. New York：IEEE, 2018

［16］ JU X J, LIN M X, WANG Z. Modeling and simulation analysis for the self-sensing ballscrew preload system based on giant magnetostrictive actuator［C］. The 17th International Manufacturing Conference in China. Shenzhen：CMES, 2017.

[17] 晋宏炎，鞠晓君，辛涛，等. 偏置磁场对超磁致伸缩致动器输出特性的影响分析 [J]. 传感技术学报，2017，30 (12)：1862-1868.

[18] LIN M X, WANG Q D, JU X J, et al. The research of double-nut ball screw preload based on GMA [C]. Xi'an：13th International Conference on Ubiquitous Robots and Ambient Intelligence. New York：IEEE, 2016.

[19] 范文涛，林明星，鞠晓君，等. 圆筒状超磁致伸缩致动器磁场研究与仿真 [J]. 功能材料，2017，48 (5)：5054-5060.

[20] 鞠晓君. 滚珠丝杠副筒状超磁致伸缩自动预紧系统设计与研究 [D]. 济南：山东大学，2019.

[21] VERL A, FREY S. Correlation between feed velocity and preloading in ball screw drives [J]. CIRP Annals (Manufacturing Technology), 2010, 59 (1)：429-432.

[22] VERL A, FREY S, HEINZE T. Double nut ball screw with improved operating characteristics [J]. CIRP Annals (Manufacturing Technology), 2014, 63 (1)：361-364.

[23] FREY S, WALTHER M, VERL A. Periodic variation of preloading in ball screws [J]. Production Engineering (Research and Development), 2010, 4 (2/3)：261-267.

[24] GUEVARRA D S, KYUSOJIN A, ISOBE H, et al. Development of a new lapping method for high precision ball screw-feasibility study of a prototyped lapping tool for automatic lapping process [J]. Precision Engineering, 2001, 25 (1)：63-69.

[25] SPATH D, ROSUM J, HABERKERN A, et al. Kinematics, frictional characteristics and wear reduction by PVD coating on ball screw drives [J]. CIRP Annals (Manufacturing Technology), 1995, 44 (1)：349-352.

[26] MIURA T, MATSUBARA A, KONO D, et al. Design of high-precision ball screw based on small-ball concept [J]. Precision Engineering, 2017, 47：452-458.

[27] HWANG Y K, LEE C M. Development of a newly structured variable preload control device for a spindle rolling bearing by using an electromagnet [J]. International Journal of Machine Tools and Manufacture, 2010, 50 (3)：253-259.

[28] 冯索夫斯基. 铁磁学 [M]. 廖莹，译. 北京：科学出版社，1965.

[29] CLARK A E. Magnetic and magnetoelastic properties of highly magnetostrictive rare earth-iron laves phase compounds [J]. AIP Conference Proceedings, 1974, 18 (1)：1015-1029.

[30] DAVID J. Introduction to Magnetism and Magnetic Materials [M]. London：Chapman and Hall, 1991.

[31] GRUNWALD A, OLABI A G. Design of a magnetostrictive (MS) actuator [J]. Sensors and Actuators A Physical, 2008, 144 (1)：161-175.

[32] JILES D C, ATHERTON D L. Theory of ferromagnetic hysteresis [J]. Journal of Magnetism and Magnetic Material, 1986, 61：48-60.

［33］ DAPINO M J. Nonlinear and hysteretic magnetomechanical model for magnetostrictive transducers ［D］. Ames: Thesis Iowa State University, 1999.

［34］ 李立毅，严柏平，张成明. 驱动频率对超磁致伸缩致动器的损耗和温升特性的影响 ［J］. 中国电机工程学报，2011，31（18）：124-129.

［35］ 李跃松. 超磁致伸缩射流伺服阀的理论与实验研究 ［D］. 南京：南京航空航天大学，2014.

［36］ 余佩琼，刚宪约. 稀土超磁致伸缩微致动器设计与实验 ［J］. 浙江工业大学学报，2005，33（4）：407-410.

［37］ 刚宪约，梅德庆，陈子辰，等. 超磁致伸缩微致动器的磁场有限元分析 ［J］. 中国机械工程，2003，14（22）：1961-1963.

［38］ 唐志峰，项占琴，吕福在. 稀土超磁致伸缩执行器优化设计及控制建模 ［J］. 中国机械工程，2005，16（9）：753-757.

［39］ 唐志峰. 超磁致伸缩执行器的基础理论与实验研究 ［D］. 杭州：浙江大学，2005.

［40］ OLABI A G, GRUNWALD A. Computation of magnetic field in an actuator ［J］. Simulation Modelling Practice and Theory（International Fournal of the Federation of European Simulation Societies），2008，16（10）：1728-1736.

［41］ 刘德辉，卢全国，陈定方. 超磁致伸缩致动器有限元分析及实验研究 ［J］. 武汉理工大学学报（交通科学与工程版），2007，31（4）：653-655.

［42］ 王传礼，丁凡，李其朋. 伺服阀用 GMM 电-机械转换器静态输出特性的研究 ［J］. 传感技术学报，2007，20（10）：2342-2345.

［43］ WANG C L, DING F, LI Q P. Study on driving magnetic field and performance of GMA for nozzle flapper servo valve ［J］. Journal of Coal Science & Engineering，2007，13（2）：207-210.

［44］ LOVISOLO A, ROCCATO P E, ZUCCA M. Analysis of a magnetostrictive actuator equipped for the electromagnetic and mechanical dynamic characterization ［J］. Journal of Magnetism & Magnetic Materials，2008，320（20）：E915-E919.

［45］ 孙英，王博文，翁玲，等. 磁致伸缩致动器的输出位移与输入电流频率关系实验研究 ［J］. 电工技术学报，2008，23（3）：8-13.

［46］ NOH M D, PARK Y W. Topology selection and design optimization for magnetostrictive inertial actuators ［J］. Journal of Applied Physics，2012，111（7）：07E715.1-07E715.3.

［47］ 喻曹丰，王传礼，魏本柱. 超磁致伸缩驱动器磁致伸缩模型的有限元分析 ［J］. 机床与液压，2016，44（13）：120-124.

［48］ 喻曹丰，何涛，王传礼，等. 超磁致伸缩驱动器磁滞非线性数值模拟研究 ［J］. 功能材料，2016，47（5）：170-175.

［49］ 高晓辉，刘永光，裴忠才. 超磁致伸缩作动器磁路优化设计 ［J］. 哈尔滨工业大学学报，

2016，48（9）：145-150.

[50] 张丽荣．双螺母齿差式滚珠丝杠螺母副的调隙［J］．煤矿机械，2004（10）：106-107.

[51] 何纪承，宋健，荣伯松，等．高速双螺母滚珠丝杠副轴向接触刚度研究［J］．制造技术与机床，2012（8）：59-62.

[52] 焦洁，梅景登，刘若华，等．滚珠丝杠副动态预紧转矩的测量技术［J］．制造技术与机床，1998（11）：32-33.

[53] FUKADA S, FANG B, SHIGENO A. Experimental analysis and simulation of nonlinear microscopic behavior of ball screw mechanism for ultra-precision positioning［J］. Precision Engineering, 2011, 35（4）：650-668.

[54] 姜洪奎，宋现春，李保民，等．基于滚珠丝杠副流畅性的滚珠返向器型线优化设计［J］．振动与冲击，2012，31（2）：38-42.

[55] ZHANG J, ZHANG H J, DU C, et al. Research on the dynamics of ball screw feed system with high acceleration［J］. International Journal of Machine Tools and Manufacture, 2016, 111：9-16.

[56] WU J, YU G, GAO Y, et al. Mechatronics modeling and vibration analysis of a 2-DOF parallel manipulator in a 5-DOF hybrid machine tool［J］. Mechanism and Machine Theory, 2018, 121：430-445.

[57] 陈勇将，汤文成，王洁璐．滚珠丝杠副刚度影响因素及试验研究［J］．振动与冲击，2013，32（11）：70-74.

[58] TSAI P C, CHENG C C, HWANG Y C. Ball screw preload loss detection using ball pass frequency［J］. Mechanical Systems & Signal Processing, 2014, 48（1-2）：77-91.

[59] 王立．高速滚珠丝杠副预紧力丧失对比试验及综合性能研究［D］．南京：南京理工大学，2016.

[60] 初永坤，李益民，白绥滨．精密滚珠丝杠螺母副预紧的方法［J］．现代制造工程，1996（9）：15.

[61] 侯忠生．无模型自适应控制的现状与展望［J］．控制理论与应用，2006，23（4）：586-592.

[62] 侯忠生，许建新．数据驱动控制理论及方法的回顾和展望［J］．自动化学报，2009，35（6）：650-667.

[63] 池荣虎，侯忠生，黄彪．间歇过程最优迭代学习控制的发展：从基于模型到数据驱动［J］．自动化学报，2017，43（6）：917-932.

[64] 池荣虎，侯忠生．基于匝道调节的快速路交通密度的无模型周期自适应控制方法（英文）［J］．自动化学报，2010，36（7）：1029-1032.

[65] 田涛涛，侯忠生，刘世达，等．基于无模型自适应控制的无人驾驶汽车横向控制方法［J］．自动化学报，2017，43（11）：1931-1940.

[66] 侯忠生，金尚泰．无模型自适应控制：理论与应用［M］．北京：科学出版社，2013.